高职高专机电类专业系列教材
机械制造与自动化专业群

# 机械制图实训指导书

主编　武秋俊　相　磊
参编　怀玉兰　李刚峰　张　林　于国英
　　　崔铁庆　王　东　李彦周　张秉辉

机械工业出版社

本书是为了适应高等职业院校教学改革的形势而编写的，目的是强化学生的综合素质和工程意识，拓展学生的知识面，优化学生的知识结构。本书共 7 章，主要内容包括零部件测绘基础、典型零件的测绘、机用虎钳测绘、齿轮泵测绘、千斤顶测绘、球阀测绘和一级圆柱齿轮减速器测绘。

本书可作为高等职业院校机械类、近机械类专业的机械制图实训教材，也可供从事相关专业的工程技术人员参考。

## 图书在版编目（CIP）数据

机械制图实训指导书/武秋俊，相磊主编. —北京：机械工业出版社，2019.6（2021.2 重印）

高职高专机电类专业系列教材. 机械制造与自动化专业群

ISBN 978-7-111-62550-6

Ⅰ.①机…　Ⅱ.①武…　②相…　Ⅲ.①机械制图-高等职业教育-习题集　Ⅳ.①TH126-44

中国版本图书馆 CIP 数据核字（2019）第 072573 号

机械工业出版社（北京市百万庄大街 22 号　邮政编码 100037）
策划编辑：刘良超　责任编辑：刘良超
责任校对：梁　倩　封面设计：陈　沛
责任印制：李　昂
唐山三艺印务有限公司印刷
2021 年 2 月第 1 版第 2 次印刷
184mm×260mm·5.25 印张·128 千字
3001—4900 册
标准书号：ISBN 978-7-111-62550-6
定价：16.00 元

电话服务　　　　　　　　　　　网络服务
客服电话：010-88361066　　　机 工 官 网：www.cmpbook.com
　　　　　010-88379833　　　机 工 官 博：weibo.com/cmp1952
　　　　　010-68326294　　　金 书 网：www.golden-book.com
封底无防伪标均为盗版　　　　机工教育服务网：www.cmpedu.com

# 前　言

　　为培养高技能应用型人才，我国高等职业院校正在深入开展教学改革。本书是为了适应高等职业院校教学改革的形势而编写的，目的是强化学生的综合素质和工程意识，拓展学生的知识面，优化学生的知识结构。

　　本书主要有以下特点：

　　1）系统性强。本书可使学生对机械制图测绘知识有一个全面的了解。书中列举了大量测量、测绘实例，便于学生活学活用，学用结合。

　　2）内容涉及面广，实例典型。本书按测绘工作的实际工作顺序编写，选择了教学中典型的、具有代表性的零部件作为实例，以满足目前机械类和近机械类专业开展实训教学的需要。

　　3）按照从易到难的原则依次编排各章节。选择典型的零部件，按照零部件测绘的步骤，学生通过完成设计工作来学习和掌握相关知识和技能。

　　4）理论联系实际。本书注重培养学生的动手能力、空间想象力、绘图能力、综合分析和解决问题的能力，紧密联系工程实际，采用大量的工程实际图例，注重培养学生的工程意识。

　　本书可作为高等职业院校机械类、近机械类专业的实训教材，也可供从事相关专业的工程技术人员参考。

　　本书由河北机电职业技术学院的武秋俊、相磊担任主编。参加编写工作的还有怀玉兰、李刚峰、张林、于国英、崔铁庆、王东、李彦周、张秉辉。

　　由于编者水平有限，书中难免有疏漏之处，恳请读者批评指正。

编　者

# 目　录

# 第1章

# 零部件测绘基础

零部件测绘是对机器或部件进行拆卸、分析、测量，并绘制出装配示意图和零件草图，然后对零件的尺寸和工艺结构进行测量，确定零件的材料和技术要求，最后画出装配图和零件工作图的过程。

## 1.1 测绘目的和实训要求

### 1. 测绘目的

无论是设计新产品还是对旧产品的改造，都要对原设备的零件进行测绘；机器或设备维修时，某一零件损坏，在无图样又无备件的情况下，需要对损坏零件进行测绘。因此，测绘是工程技术人员应该具备的基本技能，是制图课程的一个重要实训教学环节，是学生综合运用已学知识独立地进行测量和绘图的学习过程。目的在于：

1）综合运用本课程所学的知识，进行零件图、装配图的绘制，使所学知识得到巩固。

2）初步培养学生的职业能力，学会运用技术资料、标准、手册和技术规范进行工程制图的技能。

3）培养学生掌握正确的测绘方法和步骤，为今后专业课的学习和工作打好坚实的基础。

### 2. 实训要求

在测绘中要求学生注意培养独立分析问题和解决问题的能力，且保质、保量、按时完成部件测绘任务，具体要求是：

1）测绘前要认真阅读测绘指导书，明确测绘的目的、要求、内容、方法和步骤。

2）认真复习与测绘有关的内容，如视图表达、尺寸测量方法、标准件和常用件、零件图与装配图等；绘图过程中遇到不了解的内容应及时查阅资料。

3）认真绘图，保证图样质量，做到正确、完整、清晰、整洁。

4）做好准备工作，如拆装工具、测量工具、绘图工具、资料、手册、仪器用品等。

5）在测绘中既要有团队协作意识和服从意识，又要有独立思考意识，一丝不苟，有错必改，反对不求甚解、照抄照搬、容忍错误的作法。

6）按预定计划完成测绘任务，所画图样经教师审查后按时提交；没按时提交者即为不及格。

## 1.2 测绘方法与步骤

零件测绘包括零件分析、绘制零件草图、测量零件尺寸、确定零件各项技术要求及完成零件工作图等过程。

**1. 了解和分析零件**

1) 了解零件的名称、用途、材料以及它在机器（或部件）中的位置和作用。

2) 对该零件进行结构和制造方法的大致分析，弄清每一处结构的作用，在分析的基础上对零件的缺点进行必要的改进，使该零件的结构更为合理和完善。

3) 对零件进行工艺分析。同一零件可以采用不同的加工方法，它影响零件结构形状的表达、基准的选择、尺寸的标注和技术条件的要求。

4) 确定视图表达方案。先根据显示零件形状特征的原则，按零件的加工位置或工作位置确定主视图；再按零件的内外结构特点选用必要的其他视图和剖视、断面等表达方法。

**2. 绘制零件草图**

草图是指通过目测估计实物大致比例，然后按要求徒手绘制的图形。在设计开始阶段，由于技术方案需要经过反复分析、比较、推敲才能确定最后方案，为了节省时间，加快速度，往往以绘制草图表达构思结果；在仿制产品或修理机器时，经常要现场绘制；由于环境和条件的限制，常常缺少完备的绘图仪器和计算机，为了尽快得到结果，一般也先画草图，再画正规图；在参观、学习或交流、讨论时，有时也需要徒手绘制草图；此外，在进行表达方案讨论、确定布图方式时，往往也画出草图，以便进行具体比较。总之，草图的适用场合是非常广泛的，是工程技术人员必备的一项重要的基本技能。

(1) 徒手绘制图形的要求

1) 画线要稳，图线要清晰。

2) 目测时要基本保持各部分的比例均匀。

3) 图形正确，符合三视图的投影规律。

4) 字体工整，尺寸标注无误。

5) 在保证质量的前提下，绘图速度要快。

初学徒手绘图时，应在方格纸上进行，以便训练图线画得平直和借助方格纸线确定图形的比例。

(2) 草图绘制的方法　徒手绘图所使用的铅笔的铅芯应磨成圆锥形，画中心线和尺寸线时，铅芯应磨得较尖；画可见轮廓线时，铅芯应磨得较钝。

一个物体的图形无论多么复杂，都是由直线、圆、圆弧或曲线组成的。因此要画好草图，必须掌握好徒手绘制各种线条的方法。

1) 握笔的方法。手握笔的位置要比尺规作图时高些，以利于运笔和观察目标。笔杆与纸面成 45°~60°角，执笔稳而有力。

2) 直线的画法。徒手绘图时，手指应握在距铅笔笔尖约 35mm 处，手腕和小手指对纸面的压力不要太大。在画直线时，先定出直线的两个端点，然后执笔悬空，沿直线方向先比量一下，掌握好方向和走势后再落笔画线。画线时手腕不要转动，使铅笔与所画的线始终保持约 90°，眼睛看着画线的终点，轻轻移动手腕和手臂，使笔尖向着要画的方向做近似的直线运动。画长斜线时，为了运笔方便，可以将图纸旋转到适当的角度，使它转成水平线位置来画。直线的画法如图 1-1 所示。

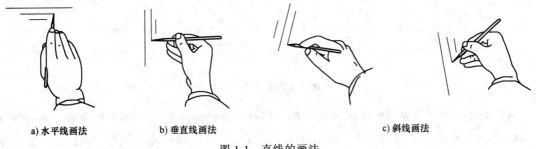

a) 水平线画法　　　　　　b) 垂直线画法　　　　　　c) 斜线画法

图 1-1　直线的画法

3）常用角度的画法。画 30°、45°、60° 等常见角度，可根据两直角边的比例关系，在两直角边上定出几点，然后连接而成，如图 1-2 所示。

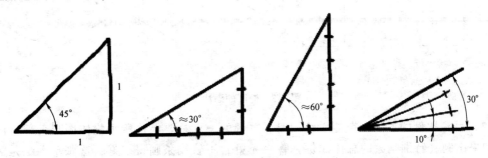

图 1-2　角度的画法

4）圆的画法。画圆时，应先过圆心画中心线，再根据半径大小用目测方法在中心线上定出 4 点，然后过这 4 点画圆，如图 1-3a 所示。当圆的直径较大时，可过圆心增画两条 45° 的斜线，在斜线上再定 4 个点，然后过这 8 个点画圆，如图 1-3b 所示。

当圆的直径很大时，可取一纸片标出半径长度，利用它从圆心出发定出若干圆上的点，然后通过这些点作圆。或者用手做圆规，以小手指的指尖或关节做圆心，使铅笔与它的距离等于所需的半径，用另一只手小心地慢慢转动图纸，即可得到所需的圆。

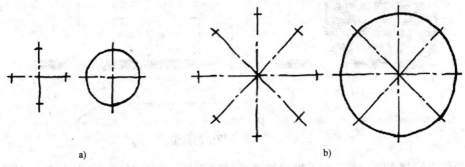

a)　　　　　　　　　　　　b)

图 1-3　圆的画法

5）画圆角的方法。先用目测方法在分角线上选取圆心位置，使它与角两边的距离等于圆角的半径大小。过圆心向两边引垂直线定出圆弧的起点和终点，并在分角线上也定出一个圆周点，然后徒手作圆弧把这 3 点连接起来，如图 1-4 所示。

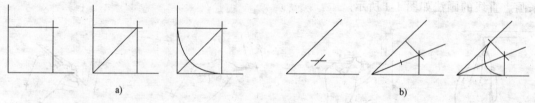

图 1-4　圆角的画法

6）椭圆的画法。先画出椭圆的长短轴，用目测方法定出其 4 个端点的位置，并过这 4 个端点画一个矩形，然后徒手作椭圆与此矩形相切。也可先画出椭圆的外切四边形，然后分别用徒手方法作两钝角及两锐角的内切弧，即得所需椭圆，如图 1-5 所示。

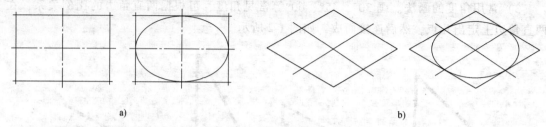

图 1-5　椭圆的画法

（3）目测比例的方法　在徒手绘图时，关键的一点是要保持所画物体图形各部分的比例。如果比例（特别是大的总体比例）保持不好，不管线条画得多好，这张草图也是劣质的。在开始画图时，对物体长、宽、高的相对比例一定要仔细观察、拟定。然后在画中间部分或细节部分时，还要随时将新测定的线段与已拟定的线段进行比较、调整。因此，掌握目测比例方法对画好草图十分重要。

在画中、小型物体时，可用铅笔直接放在实物上测定各部分的大小，然后按测定的大小画出草图，或者用这种方法估计出各部分的相对比例，然后按估计的这一相对比例画出缩小的草图，如图 1-6 所示。

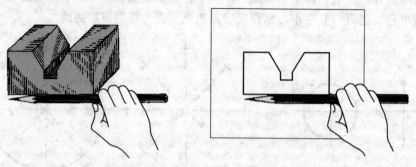

图 1-6　中、小物体的测量

在画较大的物体时，可以用手握铅笔进行目测度量。在目测时，人的位置应保持不动，握铅笔的手臂要伸直，人和物的距离大小应根据所需图形的大小来确定，如图 1-7 所示。

在绘制及确定各部分相对比例时，建议用先画略图的方法，尤其是比较复杂的物体，更应如此。

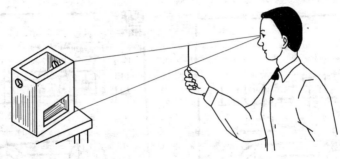

图 1-7　较大物体的测量

（4）绘制零件草图步骤　下面以绘制拨杆（图 1-8）的零件草图为例，说明绘制零件草图的步骤。

1）在图纸上定出各视图的位置，画出主、左视图的对称中心线和作图基准线。布置视图时，要考虑到各视图应留有标注尺寸的位置。

2）以目测比例详细地画出零件的结构形状。

3）定尺寸基准，按正确、完整、清晰以及尽可能合理地标注尺寸的要求，画出全部尺寸界线、尺寸线和箭头。经仔细校核后，按规定线型将图线加深（包括画剖面符号）。

4）逐个量注尺寸，标注各表面的表面粗糙度代号，并注写技术要求和标题栏，如图 1-8 所示。

（5）对画好的零件草图进行复核后，再画零件图　零件草图是在现场测绘的，所以有些表达方案不一定最合理、准确。因此，在绘制零件图之前，要对零件草图进行重新考虑和整理。有些内容需要重新设计、计算并执行有关标准，如尺寸公差、表面粗糙度等。经过补充、修改后再绘制零件图。具体步骤如下：

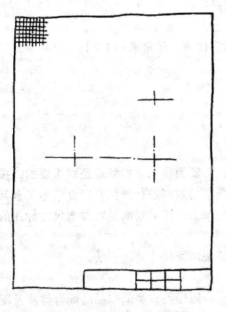

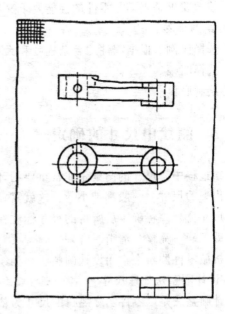

a）画中心线、对称中心线及主要基准线　　　　　b）画各视图的主要部分

图 1-8　拨杆零件草图的绘制过程

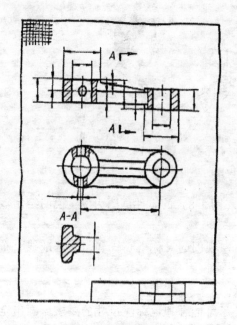
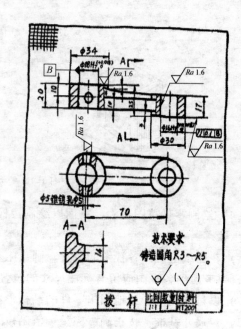

c) 取剖视，画出全部视图，并画出尺寸
界线、尺寸线和箭头

d) 用工具测量，标注尺寸和技术要求，
填写标题栏并检查校正全图

图 1-8 拨杆零件草图的绘制过程（续）

1）检查、校核零件草图。

① 分析表达方案是否完整、清晰。

② 结构形状是否合理。

③ 尺寸标注是否齐全、合理和清晰。

④ 技术要求是否满足零件的性能要求又比较经济。

2）绘制步骤。

① 选择比例。根据零件的复杂程度和大小选定比例，尽量采用 1：1。

② 选择图幅。

③ 绘制底稿。

## 1.3 测绘中尺寸的确定

测绘过程中，尺寸的测量是非常重要的环节，对所测量尺寸的处理是很重要的。按照实样测量出来的尺寸，一般都带小数，这就需要对测得的数据进行圆整，以合理地确定其公称尺寸及尺寸公差。将确定后所得的尺寸标注在零件图上，还需要满足零件图尺寸标注的基本要求，即正确、完整、清晰、合理。

在机械零件测绘中常用设计圆整法和测绘圆整法两种尺寸处理方法。

**1. 设计圆整法处理尺寸**

设计圆整法是以零件实际测得的尺寸为依据，参照同类或类似产品的配合性质及配合类别，确定公称尺寸和公差。

（1）常规设计的尺寸圆整　一般应使其符合国家标准 GB/T 2822—2005《标准尺寸》

推荐的尺寸系列，见表1-1。首先应在优先数系 R 系列按 R10、R20、R40 顺序选用，如必须将数值圆整成整数时，可在 R′系列中按 R′10，R′20，R′40 顺序选用。

设计机械零件主要尺寸时应有意识地采用优先数，如立式车床的主轴直径、专用工具的主要参数尺寸都按 R10 系列确定，通用型材、零件及工具的尺寸和铸件壁厚等按 R20 系列确定。

表 1-1 推荐的尺寸系列 （单位：mm）

| R | | | R′ | | | R | | | R′ | | |
|---|---|---|---|---|---|---|---|---|---|---|---|
| R10 | R20 | R40 | R′10 | R′20 | R′40 | R10 | R20 | R40 | R′10 | R′20 | R′40 |
| 10.0 | 10.0 | | | 10 | | | 35.5 | 35.5 | | 36 | 36 |
| | 11.2 | | 10 | 11 | | | 37.5 | 37.5 | | | 38 |
| 12.5 | | 12.5 | | 12 | 12 | 40.0 | 40.0 | 40.0 | | 40 | 40 |
| | | 13.2 | 12 | | 13 | | | 42.5 | 40 | | 42 |
| | | 14.0 | | 14 | 14 | | 45.0 | 45.0 | | 45 | 45 |
| | | 15.0 | | | 15 | | | 47.5 | | | 48 |
| 16.0 | 16.0 | 16.0 | | 16 | 16 | 50.0 | 50.0 | 50.0 | | 50 | 50 |
| | | 17.0 | 16 | | 17 | | | 53.0 | 50 | | 53 |
| | 18.0 | 18.0 | | 18 | 18 | | 56.0 | 56.0 | | 56 | 56 |
| | | 19.0 | | | 19 | | | 60.0 | | | 60 |
| 20.0 | 20.0 | 20.0 | | 20 | 20 | 63.0 | 63.0 | 63.0 | | 63 | 63 |
| | | 21.2 | 20 | | 21 | | | 67.0 | 63 | | 67 |
| | 22.4 | 22.4 | | 22 | 22 | | 71.0 | 71.0 | | 71 | 71 |
| | | 23.6 | | | 24 | | | 75.0 | | | 75 |
| 25.0 | 25.0 | 25.0 | | 25 | 25 | 80.0 | 80.0 | 80.0 | | 80 | 80 |
| | | 26.5 | 25 | | 26 | | | 85.0 | 80 | | 85 |
| | 28.0 | 28.0 | | 28 | 28 | | 90.0 | 90.0 | | 90 | 90 |
| | | 30.0 | | | 30 | | | 95.0 | | | 95 |
| 31.5 | 31.5 | 31.5 | 32 | 32 | 32 | 100.0 | 100.0 | 100.0 | 100 | 100 | 100 |
| | 33.5 | 33.5 | | | 34 | | | | | | |

（2）非常规设计的尺寸圆整 根据对一般机械零件公称尺寸分析，按零件的具体结构要求和尺寸的重要性，考虑对零件尺寸的圆整。圆整原则是性能尺寸、配合尺寸、定位尺寸允许保留到小数点后一位，个别重要的关键尺寸可保留到小数点后两位，其他尺寸应圆整为整数。

将实测尺寸圆整为整数或保留小数位数的基本原则是逢4舍，逢6进，遇5保证偶数。例如16.85和16.75当需保留一位小数时，都应圆整为16.8。删除尾数时，是按一组数来进行删除的，只考虑删除位的数值，不得逐位地删除。例如41.456圆整为整数时，删除位为第一位小数4，圆整后应为41，而不是逐位圆整为42。

1）轴向功能尺寸的圆整。在大批量生产中，可以假定零件的实际尺寸位于零件公差带的中部，即当尺寸仅有一个实测值时，就可将该实测值当成公差中值。尽量将公称尺寸按国标圆整成整数，并同时保证所给公差等级在 IT9 以内。公差值可以采用单向公差或双向公差，当该尺寸在尺寸链中属孔类尺寸时，取单向正公差；当该尺寸属轴类尺寸时，取单向负公差；当该尺寸属长度尺寸时，采用双向公差。

例如，现有一个实测长度为 39.97mm 的轴类尺寸，确定其公称尺寸和公差等级。查标准尺寸系列表，确定公称尺寸为 40mm。查标准公差数值表，知公称尺寸段内 IT9 的公差值为 0.062mm，取公差中值 0.06mm 且为单向负公差，将实测值视为公差中值，按长度尺寸确定圆整尺寸，实测值 39.97mm 是公差中值。故该尺寸圆整方案合理。

2) 非功能尺寸的圆整。这类尺寸不需要在图样上直接注出公差。圆整这类尺寸主要是确定公称尺寸，圆整后的尺寸一般取整数，符合国家标准所给定的尺寸系列，同时尺寸的实测值应在圆整后的尺寸公差范围内。这类尺寸的公差等级一般规定为 IT12~IT18。

**2. 测绘圆整法处理尺寸**

测绘圆整法的基本原则是找出实测值与尺寸公差之间的内在联系，根据它们之间的关系来确定相互配合的孔与轴的公称尺寸及公差，配合类别可从实测的间隙配合或过盈配合中得到。

图 1-9 所示为一对配合的轴套（孔）和轴，孔的实测尺寸为 20.012mm，轴的实测尺寸为 19.993mm。下面以确定孔和轴的公称尺寸、公差与配合为例来探讨测绘圆整法尺寸的处理方法。

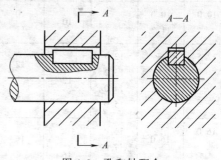

图 1-9 孔和轴配合

（1）确定配合基准制　根据零件的结构、工艺性、使用条件、经济性以及零件在机械中的相互关系来确定采用基孔制还是基轴制。在机械制造中同尺寸的孔加工要比轴的加工困难，因此一般采用基孔制，当与孔有配合的轴类零件为标准件时，如滚动轴承的外圈与轴承孔的配合就应采用基轴制。在本例中确定为基孔制配合。

（2）确定公称尺寸　根据表 1-2 按孔的实测值来判断公称尺寸精度，本例中孔的实测值第一位小数值为 0，则公称尺寸精度值不含小数。

表 1-2　公称尺寸精度判断

| 公称尺寸/mm | 实测值小数点后的第一位数 | 公称尺寸应否含小数值 |
| --- | --- | --- |
| 180 | ≥2 | 应含 |
| >80~250 | ≥3 | 应含 |
| >250~500 | ≥4 | 应含 |

确定公称尺寸数值可将实测值作为公称尺寸与公差中值之和，因此对于基孔制中孔的公称尺寸应满足以下条件：

$$孔公称尺寸 < 孔实测尺寸$$

$$孔实测尺寸 - 孔公称尺寸 \leq \frac{孔公差的 IT11 公差值}{2}$$

经过计算，本例中可将公称尺寸确定为 20mm。

（3）确定公差等级　基准孔的公差可由公式 $T_{孔} = (孔的实测尺寸 - 孔的公称尺寸) \times 2$ 算出来，本例中 $T_{孔} = (20.012mm - 20mm) \times 2 = 0.024mm$，从标准公差数值表中查出相近的数值，IT7 的公差值为 0.021mm，与求得的 $T_{孔}$ 值最为接近，因此可选孔的公差等级为 IT7，即基准孔为 20H7。

轴的公差等级可根据基准孔的公差等级并参照公差等级的选用原则来选择，当公差等级高于或等于IT7、IT8级时，由于高公差等级的孔比较难加工，考虑孔轴工艺等价性原则，常采取孔的公差等级比轴低一级的措施，当公差等级较低时采用孔轴同级配合。同时应根据国家标准规定的常用、优先配合进行匹配选定。本例中选轴的公差等级为IT6。

（4）确定配合类型　配合类别是由基本偏差确定的，因此应通过计算孔、轴实测尺寸之差，计算出尺寸的基本偏差，确定实测间隙值或过盈量值。当孔、轴实测为间隙时，可按表1-3确定配合类型。

本例中孔、轴的实测间隙＝20.012mm－19.993mm＝0.019mm，孔、轴的平均公差＝（孔公差＋轴公差）/2＝（0.021mm＋0.013mm）/2＝0.017mm，则孔、轴间隙大于孔、轴的平均公差，属于第3种间隙。查表1-3可得轴的基本偏差＝实测间隙－平均公差＝0.019mm－0.017mm＝0.002mm，该值为轴的上极限偏差且为负值。由优先配合中轴的极限偏差表中查得与－0.002mm最接近的上极限偏差值为0mm，则确定轴的基本偏差为0mm，所以配合轴为20h6。

（5）确定孔、轴的上、下极限偏差　由前面计算知基准孔为20H7，配合轴为20h6，通过查表或计算可得孔为20H7（$^{0}_{-0.013}$），轴为20h6（$^{+0.0130}_{0}$）。

（6）校核与修正　查基孔制优先、常用配合表知H7/h6为优先配合，圆整的配合尺寸20H7/h6合理，无须修正。

以上设计圆整法简便易行，但对实际经验要求较高，而测绘圆整法较为科学。

表1-3　间隙配合（间隙＝孔实测尺寸－轴实测尺寸）

| 实测间隙种类 | | 1 | 2 | 3 | 4 |
|---|---|---|---|---|---|
| | | 间隙＝$\dfrac{孔公差＋轴公差}{2}$ | 间隙＜$\dfrac{孔公差＋轴公差}{2}$ | 间隙＞$\dfrac{孔公差＋轴公差}{2}$ | 间隙＝$\dfrac{基准件公差}{2}$ |
| 轴（基孔制） | 配合代号 | h | j | a、b、c、cd、d、e、ef、f、fg、g | js |
| | 基本偏差 | 上极限偏差 | 下极限偏差 | 上极限偏差 | ±$\dfrac{轴公差}{2}$ |
| | 偏差性质 | 0 | — | + | |
| 孔、轴基本偏差的计算 | | 不必计算 | 查公差表 | 基本偏差－间隙＝$\dfrac{孔公差＋轴公差}{2}$ | 查公差表 |
| 孔（基轴制） | 配合代号 | H | J | A、B、C、CD、D、E、EF、F、FG、G | JS |
| | 基本偏差 | 下极限偏差 | 上极限偏差 | 下极限偏差 | ±$\dfrac{轴公差}{2}$ |
| | 偏差性质 | 0 | + | + | |

## 1.4　零件上常见的工艺结构

绝大部分零件都是通过铸造和机械加工制成的，因此，在进行零件测绘时，零件的结构形状不仅要满足零件在机器中使用的要求，还要考虑零件在制造时符合制造工艺的要求。下面介绍零件的一些常见的工艺结构。

### 1. 铸造工艺结构

（1）起模斜度　在铸造零件时，一般先用木材或其他容易加工制作的材料制成模样，将模样放置于型砂中，当型砂压紧后，取出模样，再在型腔内浇入金属液，待冷却后取出铸件毛坯。对零件上有配合关系的接触表面，还应切削加工，才能使零件达到最后的技术要求。

在铸件造型时为了便于起出木模，在木模的内、外壁沿起模方向做成 1：10~1：20 的斜度，称为起模斜度。在画零件图时，起模斜度可不画出、不标注，必要时在技术要求中用文字加以说明，如图 1-10a 所示。

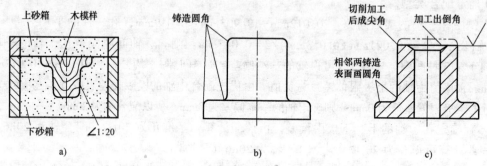

图 1-10　铸件的起模斜度和铸造圆角

（2）铸造圆角及过渡线　为了便于铸件造型时起模、防止金属液冲坏转角处、冷却时产生缩孔和裂纹，将铸件的转角处制成圆角，这种圆角称为铸造圆角，如图 1-10b 所示。画图时应注意毛坯面的转角处都应有圆角；若为加工面，由于圆角被加工掉了，因此要画成尖角，如图 1-10c 所示。

图 1-11 所示为由于铸造圆角设计不当造成的裂纹和缩孔情况。铸造圆角在图中一般应该画出，圆角半径一般取壁厚的 0.2~0.4 倍，同一铸件圆角半径大小应尽量相同或接近。铸造圆角可以不标注尺寸，而在技术要求中加以说明。

a) 裂纹　　　　　　b) 缩孔　　　　　　c) 正常
图 1-11　铸造圆角

由于铸件毛坯表面的转角处有圆角，其表面交线模糊不清，为了看图和区分不同的表面仍然要画出交线来，但交线两端空出不与轮廓线的圆角相交，这种交线称为过渡线。表 1-4 为常见过渡线的画法。

表 1-4　过渡线画法

| 视图及立体图 | 说　　明 |
|---|---|
|  | 1. 两圆柱相交时，过渡线按原有交线画出<br>2. 当画出铸造圆角后，过渡线即与轮廓线空开 |

（续）

| 视图及立体图 | 说　明 |
| --- | --- |
| 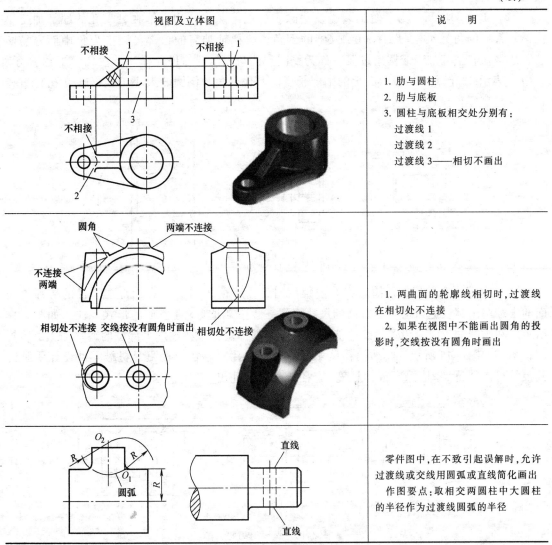 | 1. 肋与圆柱<br>2. 肋与底板<br>3. 圆柱与底板相交处分别有：<br>　过渡线 1<br>　过渡线 2<br>　过渡线 3——相切不画出 |
| | 1. 两曲面的轮廓线相切时，过渡线在相切处不连接<br>2. 如果在视图中不能画出圆角的投影时，交线按没有圆角时画出 |
| | 零件图中，在不致引起误解时，允许过渡线或交线用圆弧或直线简化画出<br>作图要点：取相交两圆柱中大圆柱的半径作为过渡线圆弧的半径 |

（3）铸造壁厚　铸件的壁厚要尽量做到基本均匀，如果壁厚不均匀，就会使金属液冷却速度不同，导致铸件内部产生缩孔和裂纹，在壁厚不同的地方可逐渐过渡，如图 1-12 所示。

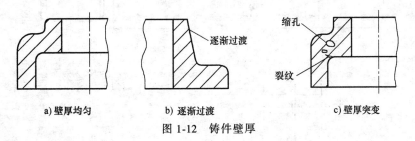

图 1-12　铸件壁厚

## 2. 机械加工工艺结构

零件的加工面是指切削加工得到的表面，即通过车、钻、铣、刨或镗用去除材料的方法加工形成的表面。

（1）倒角和倒圆 为了便于装配及去除零件的毛刺和锐边，常在轴、孔的端部加工出倒角。常见倒角为45°，也有30°或60°的倒角。阶梯轴轴肩的根部，因应力集中而容易断裂，故将轴肩根部加工成圆角过渡，称为倒圆。倒角和倒圆的尺寸标注方法如图1-13所示，其中 $C$ 表示45°倒角，$n$ 表示倒角的轴向长度。其他倒角和倒圆的大小可根据轴（孔）直径查阅《机械零件设计手册》。

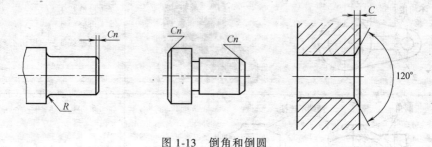

图1-13 倒角和倒圆

（2）退刀槽和砂轮越程槽 在车削螺纹时，为了便于退出刀具，常在零件的待加工表面的末端车出螺纹退刀槽，退刀槽的尺寸标注一般按"槽宽×直径"的形式标注，如图1-14所示。在磨削加工时，为了使砂轮能稍微超过磨削部位，常在被加工部位的终端加工出砂轮越程槽，如图1-15所示，其结构和尺寸可根据轴（孔）直径，查阅《机械零件设计手册》。其尺寸可按"槽宽×槽深"或"槽宽×直径"的形式注出。

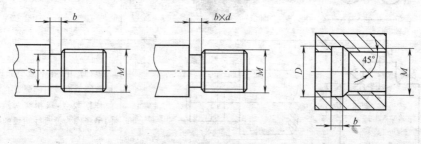

图1-14 螺纹退刀槽

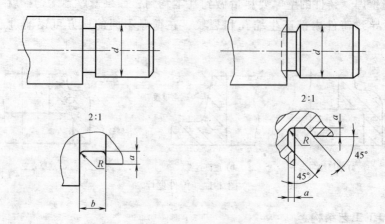

图1-15 砂轮越程槽

（3）凸台与凹坑 零件上与其他零件接触的表面，一般都要经过机械加工，为保证零件表面接触良好和减少加工面积，可在接触处做出凸台或锪平成凹坑，如图1-16所示。

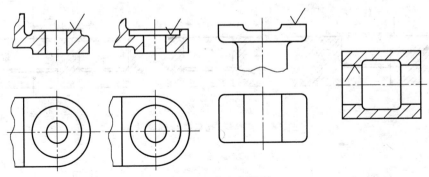

图1-16 凸台和凹坑

（4）钻孔结构 钻孔时，要求钻头尽量垂直于孔的端面，以保证钻孔准确和避免钻头折断，对斜孔、曲面上的孔，应先制成与钻头垂直的凸台或凹坑，如图1-17所示。钻削加工的不通孔，在孔的底部有120°锥角，钻孔深度尺寸不包括锥角；在钻阶梯孔的过渡处也存在120°锥角的圆台，其圆台孔深也不包括锥角，如图1-18所示。

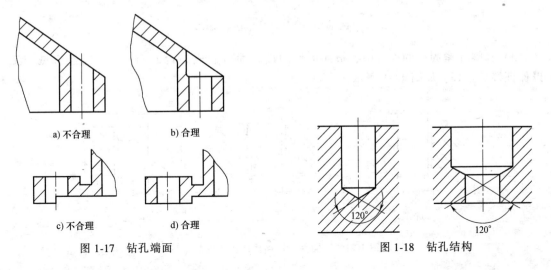

图1-17 钻孔端面          图1-18 钻孔结构

## 1.5 装配工艺结构

装配结构是否合理，将直接影响部件（或机器）的装配、工作性能，以及检修时拆、装是否方便。下面就设计绘图时应考虑的几个装配结构的合理性问题加以介绍。

**1. 接触面的结构**

1）轴肩面与孔端面接触时，应将孔边倒角或将轴的根部切槽，以保证轴肩面与孔的端面接触良好，如图1-19所示。

2）在同一方向上只能有一组面接触，应尽量避免两组面同时接触。这样，既可保证两面接触良好，又可降低加工要求。图1-20a所示为两平面接触的情况，图1-20b、c所示为两圆柱面接触的情况。

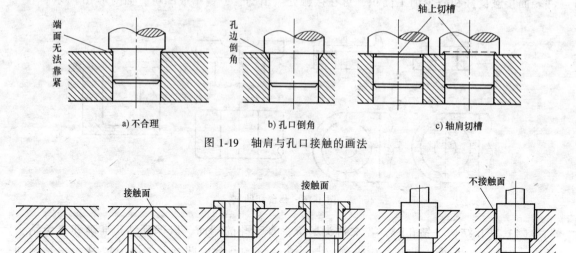

图 1-19　轴肩与孔口接触的画法

图 1-20　两零件接触面的画法

3）在螺栓紧固件的连接中，被连接件的接触面应制成凸台或凹孔，且需经机械加工，以保证接触良好，如图 1-21 所示。

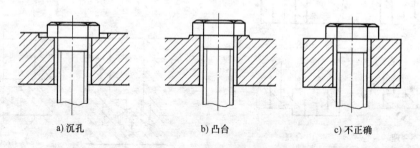

图 1-21　紧固件与被连接件接触面的结构

## 2. 零件的紧固与定位

1）为了紧固零件，可适当加长螺纹尾部，并在螺杆上加工出退刀槽，或在螺孔上做出凹坑（或倒角），如图 1-22 所示。

图 1-22　螺纹尾部结构

2）为了防止滚动轴承在运动中产生窜动，应将其内、外圈沿轴向顶紧，如图 1-23
所示。

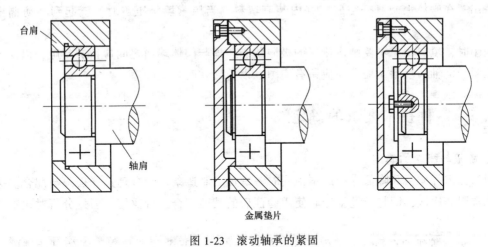

图 1-23　滚动轴承的紧固

3）螺栓、螺钉连接时考虑装拆方便，应注意留出装拆空间，如图 1-24 所示。

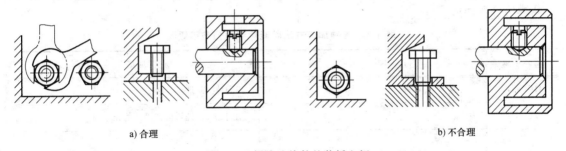

a) 合理　　　　　　　　　　　　　　　　　　　b) 不合理

图 1-24　螺纹连接件的装拆空间

### 3. 密封结构

为了防止机器、设备内部的气体或液体向外渗漏，防止外界灰尘、蒸汽或其他不洁净物
质侵入其内部，常需考虑密封。密封的形式很多，常见的有如下几种。

（1）垫片密封　为防止流体沿零件结合面向外渗漏，常在两零件之间加垫片密封，同
时也改善了接触性能，如图 1-25a 所示。

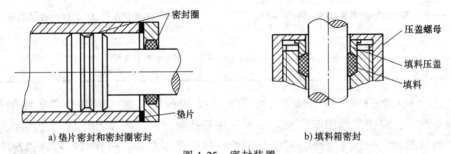

a) 垫片密封和密封圈密封　　　　　　　　　　b) 填料箱密封

图 1-25　密封装置

（2）密封圈密封　如图 1-25a 所示，将密封圈（胶圈或毡圈）放在槽内，受压后紧贴

机体表面,从而起到密封作用。

(3)填料密封 图 1-25b 所示为阀门上常见的密封形式。为防止流体沿阀门杆与阀体的间隙溢出,在阀体上制有一空腔,并内装有填料,当压紧填料压盖时,就起到了防漏密封作用。

画图时,填料压盖不要画成压紧的极限状态,即与阀体端面之间应留有空隙,以保证将填料压紧。但轴与填料压盖之间应留有空隙,以免转动时发生摩擦。

## 1.6 零件技术要求的确定

### 1. 极限与配合的确定

为保证部件质量和降低生产成本,同时考虑加工制造条件,合理选择极限与配合。选择的方法常用类比法,即与经过生产和使用验证后的某种配合进行比较,通过分析对比来合理选择。

(1)公差等级的选择 为了保证部件的使用性能,要求零件具有一定的尺寸精度,即公差等级,但是零件的精度越高,加工越困难,成本也越高。因此,在满足使用要求的前提下,应尽量选用较低的公差等级。根据各个公差等级的应用范围和各种加工方法所能到达的公差等级进行选取,见表 1-5。

表 1-5 各种加工方法所能达到的公差等级

| 公差等级 | 加工方法 | 应用 |
|---|---|---|
| IT01~IT2 | 研磨 | 用于量块、量仪 |
| IT3、IT4 | 研磨 | 用于精密仪器、精密机件的光整加工 |
| IT5 | 研磨、珩磨、精磨精铰、粉末冶金 | 用于一般精密配合,IT6、IT7 用于机床和较精密的仪器 |
| IT6 | | |
| IT7 | 磨削、拉削、铰孔、精车、精镗、精铣、粉末冶金 | |
| IT8 | | |
| IT9 | 车、镗、铣、刨、插 | 用于一般要求,主要用于长度尺寸的配合,如键和键槽的配合 |
| IT10 | | |
| IT11 | 粗车、粗镗、粗铣、粗刨、插、钻、冲压、压铸 | 尺寸不重要的配合,IT12、IT13 也用于非配合尺寸 |
| IT12、IT13 | | |
| IT14 | 冲压、压铸 | 用于非配合尺寸 |
| IT15~IT18 | 铸造、锻造 | |

(2)配合制度的选择 因为加工已给定公差等级的轴比加工同样公差等级的孔容易,所以一般情况下,应优先选用基孔制。如果采用基孔制配合,则基准孔的尺寸类型少,而轴的尺寸类型虽然多,但加工方便,对简化工艺、降低成本有利。但在某些特殊情况下,应采用基轴制。例如:

1)不需要再经过切削加工的冷拉轴。

2）在同一公称尺寸的长轴上装配不同的配合零件（如轴承、离合器、齿轮、轴套等）时。

3）当与标准件配合时，配合制度通常依据标准件而定。如滚动轴承属于已经标准化的部件，与轴承外圈配合的孔应采用基轴制，而与轴承内圈配合的轴应采用基孔制。

（3）配合性质的选择　配合性质的选择要与公差等级、配合制度的选择同时考虑。选择时，应先确定配合性质：间隙、过渡或过盈配合。再根据部件使用要求，结合实例，用类比法确定配合的松紧程度。

1）间隙配合。间隙配合的特点是两零件间保证有间隙，通常用于有相对运动的零件结合。选择间隙大小通常可以从以下几方面的因素考虑：当旋转速度相同时，轴向运动零件较旋转运动零件的间隙要大；同为旋转运动，转速高的要求间隙大；同一根轴上，轴承数量多时，间隙要大；轴的温度高于孔时，间隙要大，反之要小。

2）过渡配合。过渡配合的特点是可能得到过盈，也可能得到间隙，但过盈量或间隙量都很小。过渡配合既能承受一定的载荷，也便于拆卸，同时又有较高的同轴度。

3）过盈配合。不用紧固件（如螺纹连接件、键、销等）就能得到固定连接的配合称为过盈配合。这类配合的特点是保证有过盈量，通常用于零件装配后不再拆卸的场合。装配方法是装配前预先将孔加热或预先将轴冷却。如果过盈量较大，可在压力机上装配。表1-6为基孔制和基轴制优先配合的选用说明，供选择时参考。

**表 1-6　基孔制和基轴制优先配合的选用说明**

| 优先配合 | | 说明 |
|---|---|---|
| 基孔制 | 基轴制 | |
| $\dfrac{H11}{c11}$ | $\dfrac{C11}{h11}$ | 间隙非常大的配合。用于装配方便、很松的、转动很慢的间隙配合；要求大公差与大间隙的外露组件 |
| $\dfrac{H9}{d9}$ | $\dfrac{D9}{h9}$ | 间隙很大的自由转动配合。用于精度非主要要求，或温度变动大、高速或大轴颈压力时 |
| $\dfrac{H8}{f7}$ | $\dfrac{F8}{h7}$ | 间隙不大的转动配合。用于速度及轴颈压力均为中等的精度转动；也用于中等精度的定位配合 |
| $\dfrac{H7}{g6}$ | $\dfrac{G7}{h6}$ | 间隙较小的转动配合。用于要求缓慢间歇回转的精度配合 |
| $\dfrac{H7}{h6}$ $\dfrac{H8}{h7}$ $\dfrac{H9}{h9}$ $\dfrac{H11}{h11}$ | $\dfrac{H7}{h6}$ $\dfrac{H8}{h7}$ $\dfrac{H9}{h9}$ $\dfrac{H11}{h11}$ | 均为间隙定位配合。零件可以自由装拆，而工作时一般相对静止不动，最小间隙为零 |
| $\dfrac{H7}{k6}$ | $\dfrac{k7}{h6}$ | 过渡配合。用于精密定位 |
| $\dfrac{H7}{n6}$ | $\dfrac{N7}{h6}$ | 过渡配合。允许有较大过盈量的更精密定位 |
| $\dfrac{H7}{p6}$ | $\dfrac{P7}{h6}$ | 过盈定位配合，即小过盈量配合。用于定位精度特别重要时，能以较好的定位精度达到部件的刚性及对中性的要求，而对内孔承受压力无特殊要求，不依靠配合的紧固传递摩擦载荷 |
| $\dfrac{H7}{s6}$ | $\dfrac{S7}{h6}$ | 中等压入配合。用于一般钢件或薄壁件的冷缩配合，用于铸铁可得到较紧的配合 |
| $\dfrac{H7}{u9}$ | $\dfrac{U7}{h6}$ | 压入配合。用于可以承受高压力的零件，或不宜承受大压力的冷缩配合 |

**2. 基准的确定**

基准要素的选择包括零件上基准部位的选择和基准数量的确定两个方面。

（1）基准部位的选择　选择基准部位时，主要应根据设计和使用要求、零件的结构特征，并兼顾基准统一的原则来确定。

选用零件在机器中定位的结合面作为基准。例如，常用箱体类零件的底平面和侧面、盘类零件的轴线、回转零件的支承轴颈或支承孔的轴线等作为基准。

基准要素应具有足够的刚度和尺寸，以保证定位要素稳定、可靠。选用加工精度较高的表面作为基准部位。

（2）基准数量的确定　基准数量应根据公差项目的定向、定位和几何功能要求来确定。定向公差大多只需要一个基准，而定位公差则需要一个或多个基准。例如，平行度、垂直度、同轴度和对称度等，一般只用一个平面或一条轴线作基准要求；对于位置度，就可能要用到两三个基准要素。

**3. 表面粗糙度的确定**

表面粗糙度是零件表面的微观几何形状误差，对零件的使用性能和耐用性具有很大影响。确定表面粗糙度的方法很多，常用的方法有比较法、仪器测量法和类比法。

比较法和仪器测量法适用于测量没有磨损或磨损极小的零件表面；对于磨损严重的零件表面，只能用类比法来确定。

（1）比较法　比较法是将被测表面与表面粗糙度样板相比较，通过视觉、触觉，或借助放大镜来判断被测表面粗糙度的一种方法。利用表面粗糙度样板进行比较时，表面粗糙度样板的材料、形状、加工方法与被测表面应尽可能相同，以减少误差。

（2）仪器测量法　仪器测量法是利用测量仪器来确定被测表面粗糙度的一种方法，这是确定表面粗糙度最精确的一种方法。所用测量仪器主要有光切显微镜和干涉显微镜。

1）光切显微镜。如图 1-26 所示，可用于测量车、铣、刨及其他类似方法加工的金属外表面，是测量表面粗糙度的专用仪器之一，光切显微镜主要用于测量高度参数 $Ra$ 和 $Rz$，测量 $Rz$ 值的范围一般为 $0.8 \sim 100\mu m$。

2）干涉显微境。如图 1-27 所示，主要用于测量表面粗糙度的 $Rz$ 和 $Ra$ 值，可以测到较小的参数值，通常测量范围为 $0.05 \sim 0.8\mu m$。

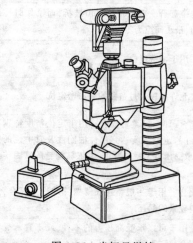

图 1-26　光切显微镜

图 1-27　干涉显微镜

（3）类比法　用类比法确定表面粗糙度的一般原则有以下几点。

1）在同一零件上，工作表面的表面粗糙度值应比非工作表面小。

2）摩擦表面的表面粗糙度值应比非摩擦表面小，滚动摩擦表面的表面粗糙度值应比滑动摩擦表面小。

3）运动速度高、单位面积压力大的表面及受交变应力作用的重要表面的表面粗糙度值都小。

4）配合性质要求越稳定，其配合表面的表面粗糙度值应越小；配合性质相同时，零件尺寸越小，表面粗糙度值也应越小；同一精度等级，小尺寸比大尺寸、轴比孔的表面粗糙度要小。

5）表面粗糙度参数值应与尺寸公差及几何公差相协调。一般来说，尺寸公差和几何公差小的表面，其表面粗糙度值也应小。

6）耐蚀性、密封性要求高时，外表面的表面粗糙度值应较小。

7）凡有关标准已对表面粗糙度要求做出规定的，应按标准规定选取表面粗糙度。如轴承、齿轮等。

在选择参数值时，应仔细观察被测表面的表面粗糙度情况，认真分析被测表面的作用、加工方法和运动状态等，按照表 1-7 初步选定表面粗糙度值，再对比表 1-8 做适当调整。

**表 1-7　轴和孔的表面粗糙度参数推荐表**

| 表面特征 | | | $Ra/\mu m$ | | |
|---|---|---|---|---|---|
| | 公差等级 | 表面 | 公称尺寸/mm | | |
| | | | ≤50 | 50~500 | |
| 轻度装卸零件的配合表面（如交换齿轮、滚刀等） | IT5 | 轴 | ≤0.2 | ≤0.4 | |
| | | 孔 | ≤0.4 | ≤0.8 | |
| | IT6 | 轴 | ≤0.4 | ≤0.8 | |
| | | 孔 | ≤0.8 | ≤1.6 | |
| | IT7 | 轴 | ≤0.8 | ≤1.6 | |
| | | 孔 | | | |
| | IT8 | 轴 | ≤0.8 | ≤1.6 | |
| | | 孔 | ≤1.6 | ≤3.2 | |
| | 公差等级 | 表面 | 公称尺寸/mm | | |
| | | | ≤50 | >50~120 | >120~500 |
| 过盈配合的配合表面<br>1. 装配按机械压入法<br>2. 装配按热处理法 | IT5 | 轴 | ≤0.2 | ≤0.4 | ≤0.4 |
| | | 孔 | ≤0.4 | ≤0.8 | ≤0.8 |
| | IT6~IT7 | 轴 | ≤0.4 | ≤0.8 | ≤1.6 |
| | | 孔 | ≤0.8 | ≤1.6 | ≤1.6 |
| | IT8 | 轴 | ≤0.8 | ≤1.6 | ≤3.2 |
| | | 孔 | ≤1.6 | ≤3.2 | ≤3.2 |
| | IT9 | 轴 | ≤1.6 | ≤3.2 | ≤3.2 |
| | | 孔 | ≤3.2 | ≤3.2 | ≤3.2 |

（续）

| 表面特征 | | | $Ra/\mu m$ | | | | | |
|---|---|---|---|---|---|---|---|---|
| 精密定心用配合的零件表面 | 公差等级 | 表面 | 径向圆跳动公差/$\mu m$ | | | | | |
| | | | 2.5 | 4 | 6 | 10 | 16 | 25 |
| | IT5~IT8 | 轴 | ≤0.05 | ≤0.1 | ≤0.1 | ≤0.2 | ≤0.4 | ≤0.8 |
| | | 孔 | ≤0.1 | ≤0.2 | ≤0.2 | ≤0.4 | ≤0.8 | ≤1.6 |
| 滑动轴承的配合表面 | 公差等级 | 表面 | 公称尺寸/mm | | | | | |
| | | | ≤50 | | >50~120 | | >120~500 | |
| | IT6~IT9 | 轴 | ≤0.8 | | | | | |
| | | 孔 | ≤1.6 | | | | | |
| | IT10~IT12 | 轴 | ≤3.2 | | | | | |
| | | 孔 | ≤3.2 | | | | | |

**表 1-8  轮廓算术平均偏差 $Ra$ 优先使用系列值及对应的加工方法、应用实例**

| $Ra/\mu m$ | 表面特征 | 主要加工方法 | 应用举例 |
|---|---|---|---|
| 50、100 | 明显可见刀痕 | 粗车、粗铣、粗刨、钻孔、粗纹锉刀、粗砂轮等加工 | 表面粗糙度最差的加工面，一般很少使用 |
| 25 | 可见刀痕 | | |
| 12.5 | 微见刀痕 | 粗车、刨、立铣、平铣、钻 | 不接触表面、不重要的接触面，如螺钉孔、倒角、机座底面等 |
| 6.3 | 可见加工痕迹 | 精车、精铣、精刨、镗、粗磨等 | 没有相对运动的零件接触面，如箱盖、套筒要求紧贴的表面，键和键槽工作表面；相对运动速度不高的接触面，如支架孔、衬套、带轮轴孔的工作表面等 |
| 3.2 | 微见加工痕迹 | | |
| 1.6 | 看不见加工痕迹 | | |
| 0.8 | 可辨加工痕迹方向 | 精车、精铰、精拉、精镗、精磨等 | 要求很好密合的接触面，如与滚动轴承配合的表面、锥销孔等；相对运动速度较高的接触面，如滑动轴承的配合表面、齿轮轮齿的工作表面等 |
| 0.4 | 微辨加工痕迹方向 | | |
| 0.2 | 不可辨加工痕迹方向 | | |
| 0.1 | 暗光泽面 | 研磨、抛光、超级精细研磨等 | 精密量具的表面、极重要零件的摩擦面，如气缸的内表面、精密机床的主轴颈、镗床的主轴颈等 |
| 0.05 | 亮光泽面 | | |
| 0.025 | 镜状光泽面 | | |
| 0.012 | 雾状光泽面 | | |

# 1.7  常用测量工具及测量方法

（1）测量直线尺寸  直线尺寸一般用钢直尺、游标卡尺或深度尺直接测量，必要时可借助直角尺或三角板配合进行测量，如图 1-28 所示。

（2）测量内、外直径尺寸  内、外直径尺寸通常用内外卡钳和钢直尺进行测量，或用游标卡尺直接测量，必要时也可使用内、外径千分尺测量。测量时应使两测量点的连线与回转面的轴线垂直相交，以保证测量精度，如图 1-29 所示。

（3）测量壁厚  壁厚一般可用钢直尺测量。如果孔口较小，必要时可将内外卡钳与钢直尺配合起来进行测量，如图 1-30 所示。

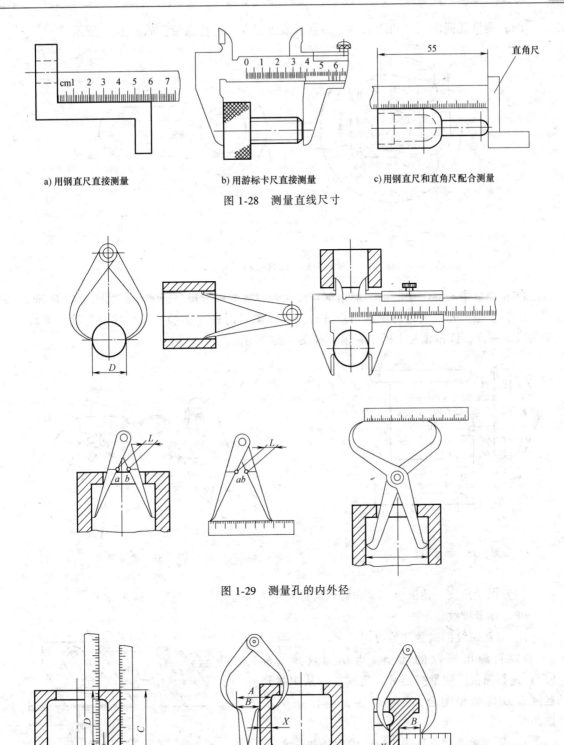

a) 用钢直尺直接测量　　　　b) 用游标卡尺直接测量　　　　c) 用钢直尺和直角尺配合测量

图 1-28　测量直线尺寸

图 1-29　测量孔的内外径

$Y = C - D$　　　　　　　　$X = A - B$

a)　　　　　　　　　　　　b)

图 1-30　测量壁厚

21

（4）测量孔间距　可利用卡钳、钢直尺或游标卡尺进行测量，如图 1-31 所示。

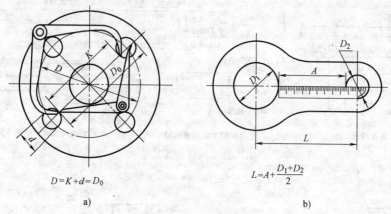

$$D=K+d=D_0$$

a)

$$L=A+\frac{D_1+D_2}{2}$$

b)

图 1-31　测量孔间距

（5）测量中心高　中心高一般用钢直尺和卡钳或游标卡尺进行测量，如图 1-32 所示。

（6）测量圆角　圆角可用圆角规进行测量。测量时逐个实验，从中找到与被测部位完全吻合的一片，读出该片上的半径值，如图 1-33 所示。

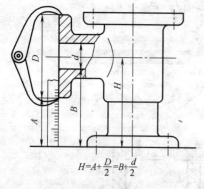

$$H=A+\frac{D}{2}=B+\frac{d}{2}$$

图 1-32　测量中心高

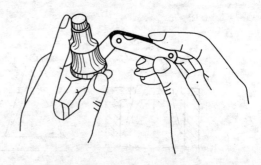

图 1-33　测量圆角

（7）测量角度　角度可用量角器或游标量角器进行测量，如图 1-34 所示。

（8）测量螺纹

1）目测螺纹的线数和旋向。

2）目测出螺纹的牙型，再用螺纹规（60°、55°）进行测量。测量时逐片进行实验，从中找到与被测螺纹完全相吻合的一片，由此判定该螺纹的螺距。

3）用游标卡尺直接测出螺纹的大径和长度。

4）查对标准（核对牙型、螺距和大径），确定螺纹标记，如图 1-35 所示。

（9）测量齿轮齿顶圆及齿厚　齿数为奇数和偶数时，齿顶圆的测量方法不同，如图 1-36 所示。测

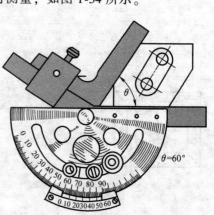

图 1-34　测量角度

量齿厚可用齿厚游标卡尺。

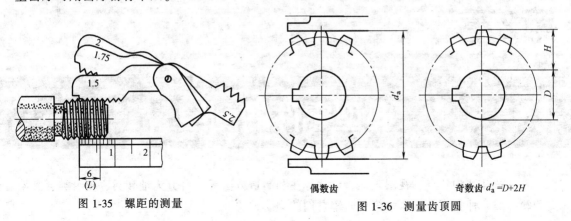

图 1-35　螺距的测量

偶数齿　　　　　　奇数齿 $d'_a = D + 2H$

图 1-36　测量齿顶圆

　　在测绘零件时应勤于动脑，充分利用现有的工具和条件，并结合所有可以利用的知识进行测量和计算。

# 第2章

# 典型零件的测绘

零件按其结构特点、视图表达、尺寸标注和制造方法等，可分为轴套类、轮盘类、叉架类和箱体类 4 种类型，本章将简单介绍它们的测绘方法。

## 2.1 轴套类零件测绘

### 1. 轴套类零件的结构特点

轴套类零件包括各种轴、丝杠、套筒等，机器中主要用来支承传动件（如齿轮、带轮等），实现旋转运动并传递动力。

轴套类零件的基本形状是同轴回转体。在轴上通常有键槽、销孔、螺纹退刀槽、倒圆等结构。

### 2. 表达方案选择

（1）轴套类零件　轴套类零件一般在车床上加工，所以应按形状特征和加工位置确定主视图，轴线水平放置，大头在左，小头在右；轴套类零件的主要结构形状是回转体，一般只画一个主要视图。

（2）轴套类零件的其他结构形状　如键槽、螺纹退刀槽、砂轮越程槽和螺纹孔等，可以用剖视、断面、局部视图和局部放大图等加以补充。对形状简单且较长的零件还可以采用折断的方法表示。

（3）实心轴　实心轴没有剖开的必要，但轴上个别部分的内部结构形状可以采用局部剖视。对空心套则需要剖开表达它的内部结构形状；外部结构形状简单的可采用全剖视；外部较复杂则用半剖视（或局部剖视）；内部简单的也可不剖或采用局部剖视。

轴套类零件图，一般采用一个基本视图加上一系列尺寸就能表达轴的主要形状及大小；对于轴上的键槽等，采用移出断面，既表示了它们的形状，又便于标注尺寸。

对于轴上的其他局部结构，如砂轮越程槽等可采用局部放大图表达，中心孔可采用局部剖视图表达。

### 3. 轴套类零件的尺寸标注

1）轴套类零件的尺寸分径向尺寸（即高度尺寸与宽度尺寸）和轴向尺寸。径向尺寸表示轴上各回转体的直径，它以水平放置的轴线作为径向尺寸基准，如图 2-2 中 $\phi 20k7$ 等。重要的安装端面（轴肩），如右边 $\phi 20k7$ 轴的右端面是轴向主要尺寸基准，由此注出 70 等尺寸。轴的两端一般作为辅助尺寸基准（测量基准）。

2）功能尺寸必须直接标注出来，其余尺寸多按加工顺序标注。

3）为了清晰和便于测量，在剖视图上，内外结构形状的尺寸分开标注。

4）零件上的标准结构（倒角、退刀槽、越程槽、键槽）较多，应按该结构标准的尺寸标注。如 GB/T 1095—2003《平键 键槽的剖面尺寸》和 GB/T 1096—2003《普通型 平键》对平键和键槽各部尺寸的规定。其他已标准化结构的标注形式及标准代号、结构尺寸可查阅有关技术资料。

**4. 轴套类零件的技术要求**

1）有配合要求的表面，其表面粗糙度参数值较小。无配合要求表面，其表面粗糙度参数值较大。

2）有配合关系的外圆和内孔应标注出直径尺寸的极限偏差。与标准化结构（如齿轮、蜗杆等）有关的轴孔，或与标准化零件配合的轴孔尺寸的极限偏差应符合标准化结构或零件的要求。如与滚动轴承配合的轴的公差带应按表 2-1 选用，与滚动轴承配合的孔的公差带应按表 2-2 选用。

3）重要阶梯轴的轴向位置尺寸或长度尺寸应标注出极限偏差值，如参与装配尺寸链的长度和轴向位置尺寸等。

4）有配合关系的轴孔和端面应标注出必要的几何公差。如圆柱表面的圆度、圆柱度，轴线间的同轴度、平行度，定位轴肩的平面度以及对轴线的垂直度等。

5）必要的热处理要求、检验要求以及其他技术要求。

表 2-1 安装滚动轴承的轴公差带

| 内圈工作条件 | | 应用举例 | 深沟球轴承和角接触球轴承 | 圆柱滚子轴承和圆锥滚子轴承 | 调心滚子轴承 | 公差代号 |
|---|---|---|---|---|---|---|
| 旋转状态 | 载荷 | | 轴承公称直径/mm | | | |
| 圆柱孔轴承 | | | | | | |
| 内圈相对于载荷方向旋转或载荷方向摆动 | 轻载荷 | 电气仪表、机床（主轴）、精密机械、泵、通风机、传送带 | ≤18 | — | -- | h5 |
| | | | >18～100 | ≤40 | ≤400 | j6 |
| | | | >100～200 | >40～100 | >40～100 | k6 |
| | | | | >100～200 | >100～200 | m6 |
| | 正常载荷 | 一般通用机械、电动机、涡轮机、泵、内燃机、变速箱、木工机械 | ≤18 | — | — | j5 |
| | | | >18～100 | ≤40 | ≤40 | k5 |
| | | | >100～140 | >40～100 | >40～65 | m5 |
| | | | >140～200 | >100～140 | >65～100 | m6 |
| | | | >200～280 | >140～200 | >100～140 | n6 |
| | | | | >200～240 | >140～280 | p6 |
| | | | | | >280～500 | r6 |
| | | | | | >500 | r7 |
| | 重载荷 | 铁路车辆和电力机车的轴箱、牵引电动机、轧机、破碎机等重型机械 | — | >50～140 | >50～100 | n6 |
| | | | — | >140～200 | >100～140 | p6 |
| | | | — | >200 | >140～200 | r6 |
| | | | | | >200 | r7 |
| 内圈相对于载荷方向静止 | 所有荷载 | 内圈必须在轴向容易移动 | 静止轴上的各种轮子 | 所有尺寸 | | g6 |
| | | 内圈不必在轴向移动 | 张紧滑轮、绳索轮 | 所有尺寸 | | h6 |

（续）

| 内圈工作条件 | | 应用举例 | 深沟球轴承和角接触球轴承 | 圆柱滚子轴承和圆锥滚子轴承 | 调心滚子轴承 | 公差代号 |
|---|---|---|---|---|---|---|
| 旋转状态 | 载荷 | | 轴承公称直径/mm | | | |
| 圆柱孔轴承 | | | | | | |
| 纯轴向载荷 | | 所有应用场合 | 所有尺寸 | | | j6 或 js6 |
| 圆锥孔轴承(带锥形套) | | | | | | |
| 所有载荷 | | 铁路车辆和电力机车的轴箱 | 装在退卸套上的所有尺寸 | | | h8 (IT5) |
| | | 一般机械或传动轴 | 装在紧定套上的所有尺寸 | | | h9 (IT5) |

表 2-2　安装滚动轴承的外壳孔公差带

| 外圈工作条件 | | | | 应用举例 | 公差代号 |
|---|---|---|---|---|---|
| 旋转状态 | 载荷 | 轴向位移的限度 | 其他情况 | | |
| 外圈相对于载荷方向静止 | 轻、正常和重载荷 | 轴向容易移动 | 轴处于高温场合 | 烘干筒、有调心滚子轴承的大电动机 | G7 |
| | | | 部分式外壳 | 一般机械、铁路车辆轴箱 | H7 |
| 载荷方向摆动 | 冲击载荷 | 轴向能移动 | 整体式或部分式外壳 | 铁路车辆轴箱轴承 | J7 |
| | 轻和正常载荷 | | | 电动机、泵、曲轴主轴承 | |
| | 正常和重载荷 | | | 电动机、泵、曲轴主轴承 | K7 |
| | 重冲击载荷 | | 整体式外壳 | 牵引电动机 | M7 |
| 外圈相对于载荷复杂旋转 | 轻载荷 | 轴向不移动 | | 张紧滑轮 | M7 |
| | 正常和重载荷 | | | 装用球轴承的轮毂 | N7 |
| | 重冲击载荷 | | 薄壁、整体式外壳 | 装用滚子轴承的轮毂 | P7 |

**5. 测绘**

下面以图 2-1 所示泵轴为例，介绍如何对轴套类零件进行测绘。

（1）了解和分析零件　泵轴主要在各种泵中起传动和支承作用。泵轴是一个各段直径不同、长度不同的回转体，上有倒角、退刀槽、键槽、销钉孔和螺纹等结构。

据泵轴的特点，主视图采用轴线水平放置，因为是实心装置，所以不剖切。其上采用局部剖视表达其中 2 个键槽长度。另需断面图表达键槽的结构和销孔的结构。

图 2-1　泵轴

（2）画零件草图 绘制泵轴草图，并画出各部分的尺寸线和尺寸界线。

（3）尺寸测量 绘制出草图之后，测量泵轴各部分尺寸并在草图上标注。测量尺寸之前，要根据被测尺寸的精度选择测量工具。

轴套类零件应测量的尺寸主要有以下几类 。

1）径向尺寸：用游标卡尺或千分尺直接测量各段尺寸并圆整，与轴承配合的轴颈尺寸要和轴承的内孔系列尺寸相匹配，如果直径尺寸在 $\phi20mm$（不含 $\phi20mm$）以下，有 $\phi10mm$、$\phi12mm$、$\phi15mm$、$\phi17mm$ 四种规格；直径尺寸在 $\phi20mm$ 以上时，为 5 的倍数。

2）轴向尺寸：轴套类零件的轴向长度尺寸一般为非功能尺寸，用钢直尺、游标卡尺或千分尺测量各段阶梯长度和轴套类零件的总长度，并将测出的数据圆整成整数。需要注意的是，轴套类零件的总长度应直接测量，不要用各段轴向长度进行累加计算。

3）键槽尺寸：键槽尺寸主要有槽宽 $b$、深度 $t$ 和长度 $L$，从键槽的外观形状即可判断与之配合的键的类型。根据测出的 $b$、$t$、$L$ 值，结合键槽所在轴端的公称直径，确定键槽的标准值及标准键的类型。

（4）标注尺寸和技术要求等 注写定形尺寸、定位尺寸、总体尺寸；对重要尺寸、配合尺寸注出公差带代号或极限偏差值；注写几何公差、表面粗糙度及热处理硬度。

与相配零件尺寸核对无误后，完成草图绘制。待装配图完成后，再依据草图绘制零件工作图，如图 2-2 所示。

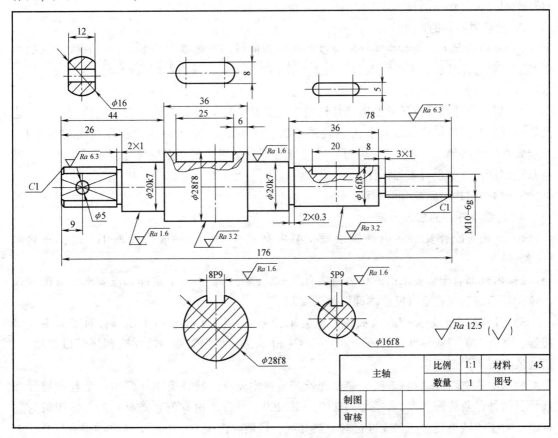

图 2-2 泵轴零件图

## 2.2 轮盘类零件测绘

### 1. 轮盘类零件的结构特点

轮盘类零件包括手轮、带轮、端盖、盘座等。轮一般用来传递动力和转矩，盘主要起支承、轴向定位以及密封等作用。

轮盘类零件的主要结构是由同一轴线不同直径的若干回转体组成，这一特点与轴类零件类似。但它与轴类零件相比，其轴向尺寸短得多，圆柱体直径较大，其中直径较大的部分称为盘，为盘类零件的主体。

### 2. 轮盘类表达方案的选择

1）轮盘类零件主要在车床上加工，所以应按形状特征和加工位置选择主视图，轴线横放；对有些不以车床加工为主的零件，可按形状特征和工作位置确定。

2）轮盘类零件一般需要两个主要视图。图 2-4 所示的阀盖零件中，主视图采用单一剖切平面剖得的全剖视图，表达了各孔深度情况，左视图采用基本视图，表达了各孔的分布位置。

3）轮盘类零件的其他结构形状，如轮辐，可用移出断面或重合断面表示。

4）根据轮盘类零件的结构特点（空心的），若视图具有对称平面时，可作半剖视；无对称平面时，可作全剖视。

### 3. 轮盘类零件的尺寸标注

1）一般情况下，轮盘类零件的宽度和高度方向以回转轴线为主要基准，长度方向的主要基准一般选择经过加工的大端面。图 2-4 所示的阀盖就是选用右端面作为长度方向的尺寸基础 4、7 等尺寸。

2）定形尺寸和定位尺寸都需标注清楚，尤其是在圆周上分布的小孔的定位圆直径是这类零件的典型定位尺寸，多个小孔一般采用如 " $6\times\phi14$ " 形式标注，如在圆周均布小孔，一般要在尺寸后加上 "EQS" （均布）就意味着等分圆周，角度定位尺寸就不必标注，如果均布很明显，EQS 也可不加标注。

3）内外结构形状应分开标注。

### 4. 轮盘类零件的技术要求

1）凡是有配合要求的内外圆表面，都应有尺寸公差，一般内孔取 IT7 级，外圆取 IT6 级。

2）内外都有配合要求的圆柱表面应有几何公差要求，一般给定同轴度要求。有配合或定位的端面一般应有垂直度或端面圆跳动要求。

3）凡有配合的表面应有表面粗糙度要求，一般取值为 $Ra6.3\sim1.6\mu m$ ；对于人手经常接触，并要求美观或精度较高的表面，可取 $Ra0.8\mu m$ ，根据需要，这些表面还可以有抛光、研磨或镀层等加工要求。

4）轮盘类零件的取材方法、热处理及其他技术要求。轮盘类零件常用的毛坯有铸件和锻件，铸件以灰铸铁居多，一般为 HT100～HT200，也有采用有色金属材料的，常用的为铝合金。对于铸造毛坯，一般应进行时效热处理，以消除内应力，并要求铸件不得有气孔、缩孔、裂纹等缺陷；对于锻件，则应进行正火或退火热处理，并不得有锻造缺陷。

**5. 测绘**

以图 2-3 所示的阀盖为例。

（1）了解和分析零件 此零件为阀盖，起连接作用。靠其上的四个均匀分布的通孔使用双头螺柱将端盖连接到其他零件上。总体为正方形，正中有圆柱形凸台，正方形四角倒圆角，凸台中间有一孔。此零件采用主、左两个视图表达，主视图采用全剖视图，反映出阀盖的内部结构，左端由外螺纹连接管路。左视图表达出带圆角的正方形结构和四个均匀布置的通孔，用于安装连接阀盖和阀体的四个双头螺柱。

图 2-3　阀盖零件的轴测剖视图

（2）画零件草图 绘制阀盖草图，并画出各部分的尺寸线和尺寸界线。

（3）尺寸测量 按正确的测量步骤和方法，用游标卡尺或千分尺测量各段内、外径尺寸并圆整，使其符合国家标准推荐的尺寸系列；用游标卡尺或千分尺直接测量盘盖的厚度尺寸并圆整；用深度游标卡尺、深度千分尺或钢直尺测量阶梯孔的深度；测量盘盖端面各孔直径尺寸，并用直接或间接测量法确定各孔间中心距或定位尺寸。

（4）标注尺寸和技术要求 注写定形尺寸、定位尺寸和总体尺寸；对重要尺寸、配合尺寸注出公差带代号或极限偏差值；注写几何公差、表面粗糙度及热处理硬度。与相配零件尺寸核对无误后，完成草图绘制，如图 2-4 所示。再依据草图绘制零件图。

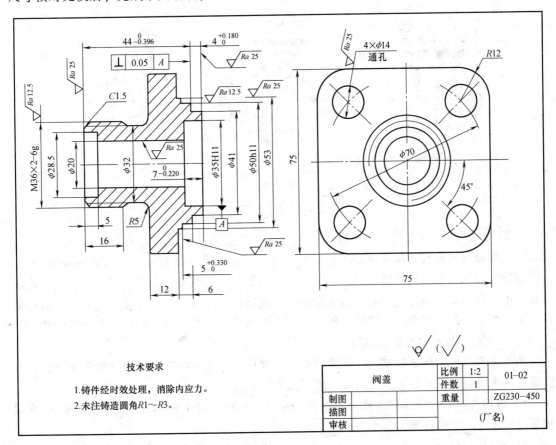

图 2-4　阀盖草图

## 2.3 叉架类零件测绘

### 1. 叉架类零件的结构特点

叉架类零件包括拨叉、摇臂、连杆、支架、支座、托架等，其功能为操纵、连接、支承或传递运动等。典型叉架零件如图2-5、图2-6所示。

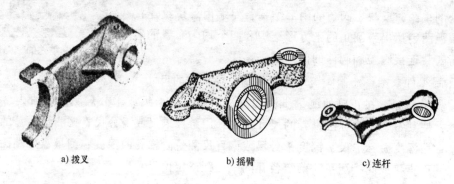

a) 拨叉         b) 摇臂         c) 连杆

图 2-5 典型叉类零件

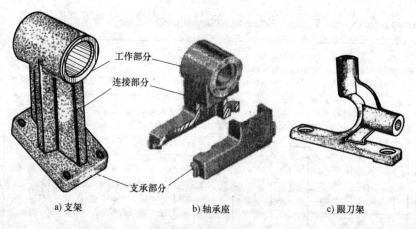

工作部分
连接部分
支承部分

a) 支架         b) 轴承座         c) 跟刀架

图 2-6 典型架类零件

叉架类零件的结构比较复杂，形状不规则，一般由工作部分、支承部分和连接部分组成。工作部分为支承或带动其他零件运动的部分，一般为孔、平面、各种槽面或圆弧面等。支承部分是支承和安装自身的部分，一般为平面或孔等。连接部分为连接零件自身的工作部分和支承部分的那一部分，其截面形状有矩形、椭圆形、工字形、T字形、十字形等多种形式。叉架类零件的毛坯多为铸件或锻件，零件上常有铸造圆角、肋、凸缘、凸台等结构。

### 2. 叉架类零件表达方案的选择

叉架类零件的结构比较复杂，形状特别、不规则，有些零件甚至无法自然平稳放置，所以零件的视图表达差异较大。一般可采用下述方案：

1）将零件按自然位置或工作位置放置，从最能反映零件工作部分和支架部分结构形状相互位置关系的方向投影，画出主视图。

2）根据零件结构特点，可以再选用1~2个基本视图，或不再选用基本视图。如上述摇臂，采用一个俯视图，而跟刀架则未再选用基本视图。

3）基本视图常采用局部剖视、半剖视或全剖视表达方式。

4）连接部分常采用剖面来表达。

5）零件的倾斜部分和局部结构，常采用斜视图、局部视图、局部剖视图、剖面图等进行补充表达。

**3. 叉架类零件的尺寸标注**

1）叉架类零件一般以支承平面、支承孔的轴线、中心线、零件的对称平面和加工的大平面作为主要基准。

2）工作部分、支承部分的形状尺寸和相互位置尺寸是叉架类零件的主要尺寸。

3）叉架类零件的定位尺寸较多，且常采用角度定位。

4）叉架类零件的定形尺寸一般按形体分析法进行标注。

5）叉架类零件的毛坯多为铸、锻件、零件上的铸（锻）造圆角、斜度、过渡尺寸一般应按铸（锻）件标准取值和标注。

**4. 叉架类零件的技术要求**

1）叉架类零件支承部分的平面、孔或轴应给定尺寸公差、几何公差及表面粗糙度。一般情况下，孔的尺寸公差取 H7，轴取 h6，孔和轴的表面粗糙度取值为 $Ra6.3 \sim 1.6\mu m$，孔和轴可给定圆度或圆柱度公差。支承平面的表面粗糙度一般取 $Ra6.3\mu m$，并可给定平面度公差。

2）定位平面应给定表面粗糙度值和几何公差。一般取 $Ra6.3\mu m$，几何公差方面可对支承平面的垂直度公差或平行度公差提出要求，对支承孔可提出端面圆跳动公差，轴的轴线可提出垂直度公差等要求。

3）叉架类零件工作部分的结构形状比较多样，常见的有孔、圆柱、圆弧、平面等，有些甚至是曲面或不规则形状结构。一般情况下，对工作部分的结构尺寸、位置尺寸应给定适当的公差，如孔径公差、孔到基准平面或基准孔的距离尺寸公差、孔或平面与基准面或基准孔之间的夹角公差等。另外还应给定必要的几何公差及表面粗糙度值，如圆度、圆柱度、平面度、平行度、垂直度、倾斜度等。

4）叉架类零件的常用毛坯为铸件和锻件。铸件一般应进行时效热处理，锻件应进行正火或退火热处理。毛坯不应有砂眼、缩孔等缺陷，应按规定标注出铸（锻）造圆角和斜度。根据使用要求提出必需的最终热处理方法及所达到的硬度及其他要求。

5）其他技术要求，如毛坯面涂漆、无损检验等。

**5. 测绘**

以图 2-7 所示踏脚座零件为例。

（1）了解和分析零件　叉架类零件主要起连接、拨动、支承等作用。其毛坯多为铸件或锻件，扭拐部位较多。上部分为支承部分，是带孔的圆柱体，为方便安装和调节孔的大小，圆柱体侧边设有两块凸台，凸台中间有连接孔；安装部分（下部）为安装方便，在安装板上开孔，为减少加工表面，做成凹坑结构；连接部分（中部）是较规则、均匀厚度的肋板。根据上面的分析，主视图应表达踏脚座的基本外形、安装孔的分布及上

图 2-7　踏脚座零件

方圆筒情况。另外，还应采用 A 向局部视图反映底板的形状结构，采用移出断面图反映肋板的形状大小，主俯视图中采用局部剖视图反映筒上两个孔的形状。

（2）画零件草图　绘制踏脚座草图，并画出各部分的尺寸线和尺寸界线。叉架类零件的支承部分和工作部分的结构尺寸和相对位置决定零件的工作性能，应认真测绘，尽可能准确地表达出零件的原始设计形状和尺寸。

（3）尺寸测量　叉架类零件常用主要轴线、对称面、安装面等作为长、宽、高的尺寸基准。对于已经标准化的叉架类零件，测绘时应与标准对照，尽量取标准化的结构尺寸。

对于连接部分，在不影响强度、刚度和使用性能的前提下，可进行合理修整。

（4）标注尺寸和技术要求　注写定形尺寸、定位尺寸和总体尺寸；对重要尺寸、配合尺寸注出公差带代号或极限偏差值；注写几何公差、表面粗糙度及热处理硬度。与相配零件尺寸核对无误后，完成草图绘制，如图 2-8 所示。待装配图完成后，再依据草图绘制零件图。

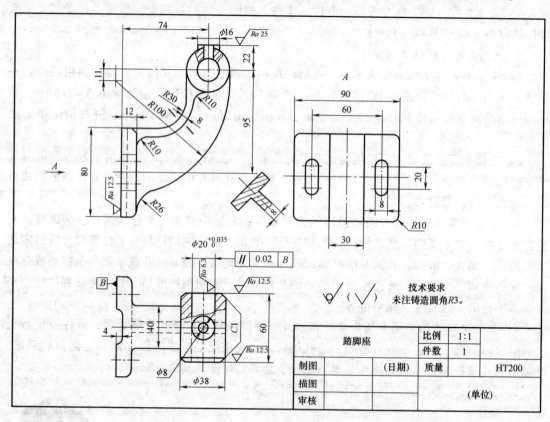

图 2-8　脚踏座零件图

## 2.4　箱体类零件测绘

### 1. 箱体类零件的结构特点

箱体类零件的主要功能是容纳、支承组成机器或部件的各种传动件、操纵件、控制件等有关零件，并使各零件之间保持正确的相对位置和运动轨迹，是设置油路通道、容纳油液的容器，是保护机器零件的壳体，又是机器或部件的基础件。

箱体类零件以铸造件为主（少数采用锻件或焊接件），其结构特点是：体积较大、形状较复杂，内部呈空腔形，壁薄且不均匀；体壁上常设有轴孔、凸台、凹坑、凸缘、肋板、铸造圆角、斜面、沟槽、油孔等各种结构。

**2. 箱体类表达方案选择**

箱体类零件的结构形状较为复杂，一般为铸件，其加工位置较多。如图2-9所示的变速箱体，通常需要用三个或三个以上的视图，并应比较多地采用剖视的表达方法，以清楚地表达其内、外部结构形状。以变速箱体表达方案选择为例，步骤如下。

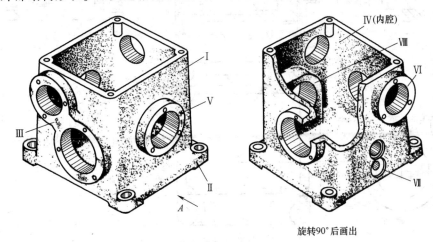

图 2-9　变速箱体

（1）方案一

1）选定主视图的投射方向，如箭头的方向。

2）选择视图数量。该零件可分解为8个部分，如图2-9中所标的Ⅰ、Ⅱ、…、Ⅶ，可用7个视图（主、俯、左、$C—C$、$D$、$E$、$F$）来表达，如图2-10所示。

该零件的外部结构形状前后相同，左右各异，上下不完全一样；它的内部结构形状前后基本相同，左右各异，而且结构都复杂。

在选择视图数量和表达方法时，根据它的外部结构形状，要表达它至少要5个视图。为了把它的内部结构形状表达清楚，可能还要增加几个图（包括剖视）。这时，要看它的外部结构形状能否与内部结构形状结合起来表达，如果能结合起来表达，可以采用半剖视或局部剖视，如图2-10中的主视图。它的内部结构形状复杂，外部结构形状简单。因此，采用了$A—A$局部剖视。倘若不能结合起来表达，那么就需要分别表达，如在左视方向上采用$D$视图表达零件的外部结构形状；用$B—B$全剖视表达它的内部结构形状。

当然，需要根据内外结构特点综合考虑某一方向上是以视图为主，还是以剖视为主，为了把个别部分表达清楚，需要采用局部视图。

此外，为了表达尚未表达清楚的内部结构形状，采用局部剖视（在主视图上）和$C—C$剖视；尚未表达清楚的外部结构形状，采用了局部剖视$E$和$F$。$A—A$中采用虚线表达出内部结构形状和右壁上螺纹孔的形状及其位置关系。

（2）方案二　图2-11共用了五个图形来表达，其中主、俯、左和$C—C$采用剖视图，另一个$D$则采用局部视图，和方案一相比较，各有特点，也是一个可用的表达方案。

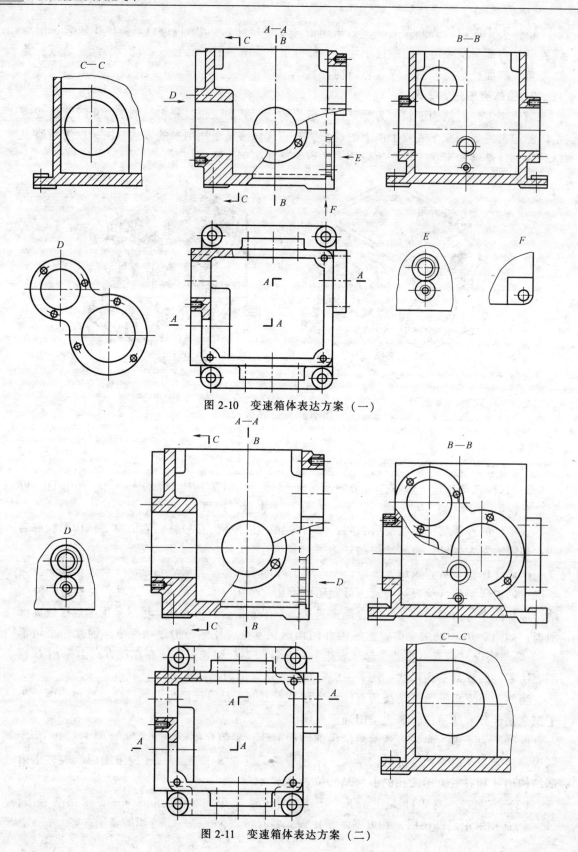

图 2-10 变速箱体表达方案（一）

图 2-11 变速箱体表达方案（二）

（3）方案三　图 2-12 共用了 6 个图形来表达，其中主、俯、左和 *C—C* 四个仍采用剖视图，另两个（*D* 和一个简化的局部视图）则采用局部视图，和方案一、方案二相比较、比方案一少一个视图，比方案二多一个视图；主视图作了全剖视，加了一个简化的局部视图，对标注尺寸有益，更容易做到清晰。虽然视图数量用了 6 个，但显得更加清晰、突出和简便，是一个较优的方案。

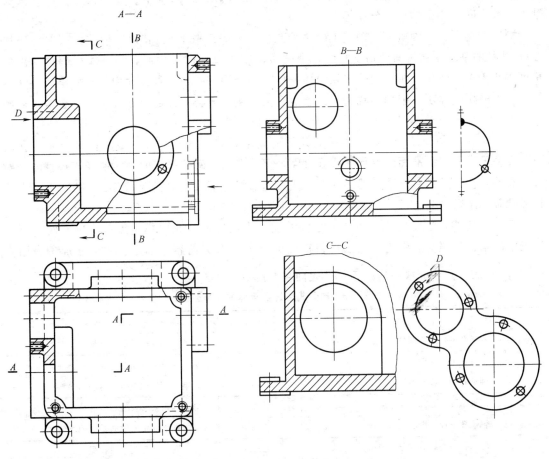

图 2-12　变速箱体表达方案（三）

### 3. 箱体类零件的尺寸标注

（1）合理选择尺寸基准　箱体类零件的底面一般都是设计基准、工艺基准、检验基准和安装基准。按照基准统一的原则，应以底面作为高度方向的尺寸基准，其他方向上以主要轴线、对称平面和端面作为尺寸基准。

（2）按照形体分析法标注尺寸　箱体类零件的形体一般较为复杂，标注尺寸时应将零件或其上的结构划分成多个基本几何体，然后逐一标出定形尺寸和定位尺寸。在标注箱体类零件尺寸时，确定各部位的定位尺寸很重要，因为它关系到装配质量的好坏，为此首先要选择好基准面，一般以安装表面、主要孔的轴线和主要端面作为基准。当各部位的定位尺寸确定后，其定形尺寸才能确定。

（3）重要尺寸应直接标注　对于影响机器工作性能的尺寸一定要直接标注出来，如支承齿轮传动、蜗杆传动轴的两孔中心线间的距离尺寸，输入、输出轴的位置尺寸等。

（4）应标注出总体尺寸和安装尺寸 在箱体类零件中，有许多已有标准化结构和尺寸系列，如机床的主轴箱、动力箱，各种传动机构的减速箱，各种泵体、阀体等。在测绘这些零件时，应参照有关标准，向标准化结构和尺寸系列靠近。

**4. 箱体类零件技术要求**

（1）确定尺寸公差 箱体类零件的尺寸公差主要有孔径的基本偏差和公差，啮合传动轴支承孔之间中心距的尺寸公差等。

通常情况下，各种机床主轴箱上的主轴孔的公差等级取 IT6，其他支承孔的公差等级取 IT7，孔径的基本偏差视具体情况来定。啮合传动轴支承孔间的中心距公差应根据传动副的精度等级等条件选用，机床圆柱齿轮箱体孔中心距极限偏差及蜗杆传动中心距极限偏差在测绘中，可采用类比法，根据实践经验并参照有关资料和同类零件的尺寸公差，综合考虑后确定公差。

（2）确定几何公差 箱体类零件的几何公差主要有孔的圆度公差或圆柱度公差，孔的位置度公差，孔对基准面的平行度或垂直度公差，孔系之间的平行度、同轴度或垂直度公差等。有些几何公差已有标准，其中，剖分式减速器箱体的几何公差见表 2-3，机床圆柱齿轮箱体孔轴线平行度公差值见表 2-4。

（3）确定表面粗糙度值 箱体类零件的加工表面应标注表面粗糙度值。确定时，可根据测量结果，参照前文讲述的"表面粗糙度的确定"有关内容来确定，对于非加工表面则以"$\sqrt{}$"表示。剖分式减速器箱体的表面粗糙度见表 2-5。

**表 2-3 剖分式减速器箱体的几何公差**

| 几何公差 | | 公差等级（IT） | 说　明 |
|---|---|---|---|
| 形状公差 | 轴承孔的圆度或圆柱度 | 6~7 | 影响箱体与轴承的配合性能及对中性 |
| | 剖分面的平面度 | 7~8 | 影响剖分面的密合性及防渗漏性能 |
| 位置公差 | 轴承孔中心线间的平行度 | 6~7 | 影响齿面接触斑点及传动的平稳性 |
| | 两轴承孔中心线的同轴度 | 6~8 | 影响轴系安装及齿面负荷分布的均匀性 |
| | 轴承孔端面对中心线的垂直度 | 7~8 | 影响轴承固定及轴向受载的均匀性 |
| | 轴承孔中心线对剖分面的位置度 | <0.3mm | 影响孔系精度及轴系装配 |
| | 两轴承孔中心线间的垂直度 | 7~8 | 影响传动精度及负荷分布的均匀性 |

**表 2-4 机床圆柱齿轮箱体孔轴线平行度公差值** （单位：μm）

| 轴承孔支承距 B /mm | 轴线平行度公差等级（IT） | | | | | | | |
|---|---|---|---|---|---|---|---|---|
| | 3 | 4 | 5 | 6 | 7 | 8 | 9 | 10 |
| ~63 | 9 | 11 | 14 | 18 | 22 | 28 | 35 | 43 |
| >63~100 | 10 | 13 | 16 | 20 | 25 | 32 | 40 | 50 |
| >100~160 | 12 | 16 | 20 | 24 | 30 | 38 | 48 | 60 |
| >160~250 | 15 | 19 | 23 | 29 | 36 | 45 | 57 | 71 |
| >250~500 | 18 | 22 | 28 | 35 | 44 | 54 | 68 | 85 |
| >400~630 | 22 | 27 | 34 | 42 | 53 | 66 | 82 | 105 |
| >630~1000 | 26 | 32 | 40 | 50 | 63 | 80 | 100 | 130 |

（续）

| 轴承孔支承距 B /mm | 轴线平行度公差等级(IT) | | | | | | | |
|---|---|---|---|---|---|---|---|---|
| | 3 | 4 | 5 | 6 | 7 | 8 | 9 | 10 |
| >1000~1600 | 32 | 40 | 50 | 63 | 80 | 100 | 125 | 160 |
| >1600~2500 | 40 | 50 | 62 | 80 | 100 | 120 | 150 | 200 |

表 2-5　剖分式减速器箱体表面粗糙度　　　（单位：μm）

| 加工表面 | Ra | 加工表面 | Ra |
|---|---|---|---|
| 减速器剖分面 | 3.2~1.6 | 减速器底面 | 12.5~6.3 |
| 轴承座孔面 | 3.2~1.6 | 轴承座孔外端面 | 6.3~3.2 |
| 圆锥销孔面 | 3.2~1.6 | 螺栓孔座面 | 12.5~6.3 |
| 嵌入盖凸缘槽面 | 6.3~3.2 | 油塞孔座面 | 12.5~6.3 |
| 视孔盖接触面 | 12.5 | 其他表面 | >12.5 |

（4）确定材料及热处理方式　箱体类零件的材料以灰铸铁为主，其次有锻件、焊接件。铸件常采用时效热处理，锻件和焊接件常采用退火或正火热处理。

（5）确定其他技术要求　根据需要，提出一定条件的技术要求，常见的有如下几点：

1）铸件不得有裂纹、缩孔等缺陷。

2）未注铸造圆角 R 值、起模斜度值等。

3）热处理要求，如人工时效、退火等。

4）表面处理要求，如清理及涂漆等。

5）检验方法及要求，如无损检验方法，接触表面涂色检验及接触面积要求等。

**5. 测绘**

（1）了解与分析零件　箱体类零件主要有阀体、泵体、减速器箱体等零件，其作用是支持或包容其他零件，如图 2-13 所示泵体零件。这类零件有复杂的内腔和外形结构，并带有轴承孔、凸台、肋板，此外还有安装孔、螺孔纹等结构。

由于箱体类零件加工工序较多，加工位置多变，所以在选择主视图时，主要根据工作位置原则和形状特征原则来考虑，并采用剖视，以重点反映其内部结构，如图 2-13 中的主视图所示。

为了表达箱体类零件的内外结构，一般要用三个或三个以上的基本视图，并根据结构特点在基本视图上取剖视，还可采用局部视图、斜视图及规定画法等表达外形。在图 2-13 中，由于主视图上无对称面，采用了全剖视图来表达内部形状，并选用了 A—A 剖视，B 局部剖放大图。

（2）画零件草图　以目测比例详细画出表达零件内、外形状的完整图样。选择各方向的尺寸基准，按正确、完整、合理、清晰的要求画出尺寸界限、尺寸线和箭头。

（3）尺寸测量　箱体类零件的体形较大，结构复杂，且非加工面较多，所以常采用钢直尺、内外卡钳、游标卡尺、高度尺、内外千分尺和圆角规等量具，并借助检验平板、方箱、直角尺、千斤顶和检验心轴等辅助量具进行测量。标注尺寸和技术要求如图 2-13 所示。

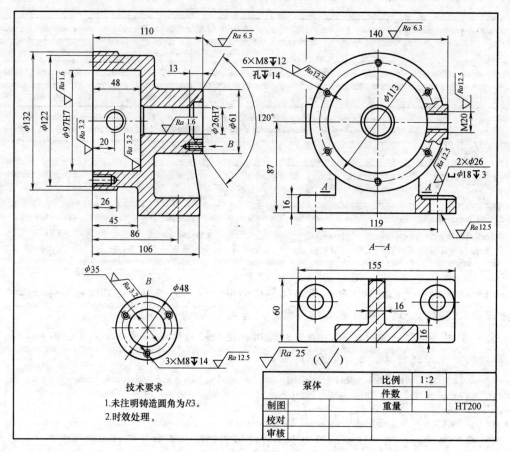

技术要求

1.未注明铸造圆角为R3。

2.时效处理。

| 泵体 | | 比例 | 1:2 |
| --- | --- | --- | --- |
| | | 件数 | 1 |
| 制图 | | 重量 | HT200 |
| 校对 | | | |
| 审核 | | | |

图 2-13　泵体零件图

# 第3章

# 机用虎钳测绘

## 3.1 机用虎钳部件分析

### 1. 机用虎钳的工作原理分析

如图 3-1 所示，机用虎钳是安装在机床工作台上，用于夹紧工件以进行切削加工的一种通用工具。固定钳身安装在机床的工作台上，起机座作用，用扳手转动螺杆，能带动螺母左右移动，因为螺旋线有两个运动：转动和轴向移动，螺杆被轴向固定所以只能转动，轴向移动传递给了螺母，螺母带着螺钉、活动钳身、钳口板做左右移动，起夹紧或松开工件的作用。

### 2. 机用虎钳的结构分析

如图 3-2 所示，机用虎钳由 11 种零件组

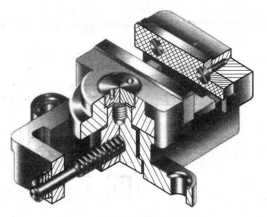

图 3-1　机用虎钳轴测装配图

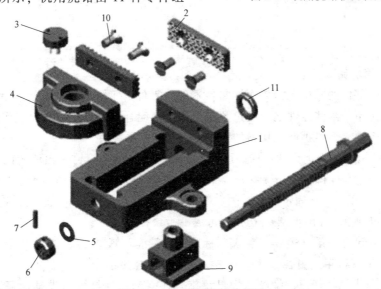

图 3-2　机用虎钳装配分解图

1—固定钳身　2—钳口板　3—螺钉　4—活动钳身　5、11—垫圈　6—圆环　7—圆柱销
8—螺杆　9—螺母块　10—沉头螺钉

成，其中，垫圈 5、圆柱销 7 和沉头螺钉 10、垫圈 11 是标准件。机用虎钳中主要零件之间的装配关系：螺母块 9 从固定钳身 1 的下方空腔装入工字形槽内，再装入螺杆 8，并用垫圈 11、垫圈 5 以及圆环 6、圆柱销 7 将螺杆轴向固定；通过螺钉 3 将活动钳身 4 与螺母块 9 连接；最后用螺钉 10 将两块钳口板 2 分别与固定钳身和活动钳身连接。

## 3.2 绘制机用虎钳的装配示意图和拆卸机用虎钳

### 1. 绘制装配示意图

画装配示意图时，仅用简单的符号和线条表达部件中各零件的大致轮廓形状和装配关系，一般只画一个图形。对于相邻两零件的接触面或配合面之间最好画出间隙，以便区别。零件中的通孔可按剖面形状画成开口的，使通路关系表达清楚。对于轴、轴承、齿轮、弹簧等，应按 GB/T 4460—2013 中规定的符号绘制。

图 3-3 所示为机用虎钳装配示意图，画图时，应先画固定钳身，再画螺杆、螺母块和活动钳身，然后逐个画出垫圈、螺钉和钳口板等。

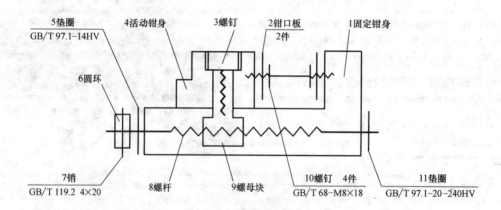

图 3-3　机用虎钳的装配示意图

### 2. 拆卸机用虎钳

在初步了解部件的基础上，依次拆卸各零件。零件拆下后立即编号，并做相应的记录。拆卸时，对部件中的某些零件之间的过盈配合和过渡配合，在不影响测绘工作的情况下，一般可以不拆。否则，会给拆卸工作增加困难，甚至会损伤零件。

如图 3-2 所示，机用虎钳的拆卸顺序为：用弹簧卡钳夹住螺钉 3 顶面的两个小孔，旋出螺钉 3 后，活动钳身 4 即可取下。拔出左端圆柱销 7，卸下圆环 6 和垫圈 5，然后旋转螺杆 8，待螺母块 9 松开后，从固定钳身 1 的右端即可抽出螺杆 8，取出垫圈 11，再从固定钳身 1 的下面取出螺母块 9。拧出小螺钉 10，即可取下钳口板 2。

拆卸时边拆卸边记录（表 3-1），编制标准件明细表（表 3-2）。

### 3. 拆卸中了解机用虎钳各零件间的连接方式和配合关系

（1）连接方式　螺杆通过螺纹与螺母块旋合在一起，螺杆的右端轴肩通过垫圈固定在固定钳身的右端面，螺杆左端用环、销和垫圈固定在固定钳身的左端面；活动钳身通过专用螺钉与螺母块连成整体；再用螺钉将钳口板紧固在固定钳身和活动钳身上。

表 3-1 机用虎钳拆卸记录

| 步骤次序 | 拆卸内容 | 遇到问题及注意事项 | 备注 |
|---|---|---|---|
| 1 | 旋出螺钉 3 | | |
| 2 | 取出活动钳身 4 | | |
| 3 | 拔出圆柱销 7 | | |
| 4 | 卸下圆环 6 | | |
| 5 | 卸下垫圈 5 | | |
| 6 | 旋出螺杆 8 | | |
| 7 | 取出垫圈 11 | | |
| 8 | 取出螺母块 9 | | |
| 9 | 拧出螺钉 10 | | |
| 10 | 取下钳口板 2 | | |

表 3-2 机用虎钳标准件明细表

| 序号 | 名称 | 标记 | 材料 | 数量 | 备注 |
|---|---|---|---|---|---|
| 1 | 垫圈 5 | GB/T 97.1—20—140HV | Q235A | 1 | |
| 2 | 圆柱销 7 | GB/T 119.2 4×20 | 35 | 1 | |
| 3 | 螺钉 10 | GB/T 68 M8×18 | Q235A | 1 | |
| 4 | 挡圈 11 | GB/T 97.1 | Q235A | 1 | |

（2）配合关系　在分析零件的装配关系时，要特别注意零件的配合性质。例如，机用虎钳的螺杆与固定钳身之间应该有相对的运动，所以是间隙配合；活动钳身与固定钳身之间、活动钳身与螺母块之间，在不影响工作性能要求的情况下，采用间隙配合。

为了便于部件拆卸后装配复原，在拆卸零件的同时应画出部件的装配示意图，并编上序号，记录零件的名称、数量、装配关系和拆卸顺序。当零件数量较多时，要按拆卸顺序在每个零件上挂一个对应的标签。螺杆做旋转运动通过螺母块带动活动钳身做水平移动。机用虎钳共有 4 处有配合要求：螺杆在固定钳身左、右端的支承孔中转动，采用间隙较大的间隙配合；活动钳身与螺母块虽没有相对运动，但为了便于装配，也采用间隙较小的间隙配合；活动钳身与固定钳身两侧结合的配合有相对运动，所以还是采用间隙较大的间隙配合。

## 3.3　绘制机用虎钳零件草图

零件测绘一般是在生产现场进行，因此不便于用绘图工具和仪器画图，而是以草图形式绘图（以徒手、目测实物用大致比例画出的零件图）。零件草图是绘制部件装配图和零件图的重要依据，必须认真、仔细。画零件草图的要求是：图形正确、表达清楚、尺寸齐全，并注写包括技术要求的有关内容。零件草图除了图线可以"草"外，零件图的各项内容必须齐全，不可以"草"。画零件草图还需注意：零件上制造缺陷（如砂眼、气孔等）以及由于长期使用而造成的磨损、碰伤等，均不应画出；零件上细小结构（如铸造圆角、倒角、倒圆、退刀槽、越程槽、凸台和凹坑等）必须画出。

测绘时主要画非标准件的零件草图，对于标准件（如螺栓、螺母、垫圈、键、销等）不必画零件草图，只要测得几个主要尺寸，从相应的标准件表中查出规定标记，将这些标准件的名称、数量和规定标记列表即可。机用虎钳中的标准件见表3-2。

下面以机用虎钳的活动钳身和螺杆为例，说明视图表达和尺寸标注等问题。

**1. 绘制活动钳身**

（1）机构分析　活动钳身的左侧为阶梯形半圆柱体，右侧为长方体，前后向下凸出部分包住固定钳身前后两侧面；中部的阶梯孔与螺母块上部圆柱体相配合。

（2）视图选择与表达方案　主视图采用全剖视，表达中间的阶梯孔，左侧阶梯形和右侧向下凸出部分的形状；俯视图主要表达活动钳身的外形，并用局部剖表达螺钉孔的位置及其深度；再通过 A 向局部视图补充表达下部凸出部分的形状。

（3）标注尺寸　以活动钳身右端面为长度方向尺寸主要基准，注出 25mm 和 7mm，以圆柱孔中心线为辅助基准注出 φ28mm 和 φ20mm，以及 R24mm 和 R40mm，长度方向尺寸 65mm 是参考尺寸；以前后对称中心线为宽度尺寸主要基准，注出尺寸 92mm、40mm，以螺纹孔轴线为辅助基准注出 2×M8，在 A 向视图中标注尺寸 82mm 和 5mm；以底面为高度方向尺寸主要基准，注出尺寸 6mm、16mm、26mm，以顶面为辅助基准注出尺寸 8mm、36mm，并在 A 向视图上注出螺纹孔定位尺寸（11±0.3）mm，如图3-4所示。

标注零件尺寸时，要特别注意机用虎钳中有装配关系的尺寸，应彼此协调，不要互相矛

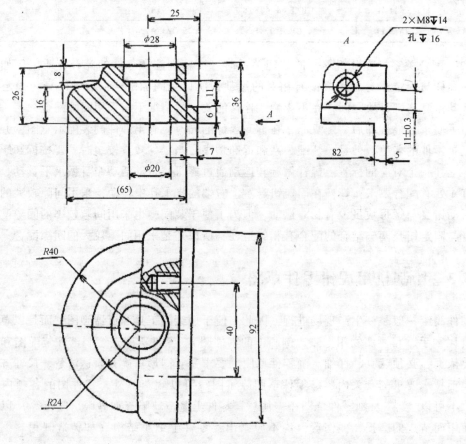

图 3-4　活动钳身草图

盾。如螺母块上部圆柱的外径和同它相配合的活动钳身中的孔径应相同，螺母块下部的螺纹孔尺寸与螺杆要一致，活动钳身前后向下凸出部分与固定钳身前后两侧面相配合的尺寸应一致。

（4）确定材料和技术要求 活动钳身是铸件，一般选用中等强度的灰铸铁 HT200；活动钳身底面的表面粗糙度值有较严格的要求，选 $Ra1.6\mu m$。对于非工作表面，如活动钳身外表面的表面粗糙度值可选择 $Ra6.3\mu m$。

**2. 绘制螺杆**

（1）机构分析 螺杆为轴类零件，位于固定钳身左右两圆柱孔内，转动螺杆使螺母块带动活动钳身左右移动，可夹紧或松开工件。螺杆主要由三部分组成，左部和右部的圆柱部分起定位作用，中间为螺纹，右端用于旋转螺杆。螺杆主要在车床上加工。

（2）视图选择与表达方案 根据零件的形状特征，按加工位置或工作位置选择主视图，再按零件的内外结构特点选用必要的其他视图和剖视、断面等表达方法。为了表达螺杆的结构特征，按加工位置使轴线水平放置，用一个视图表达，螺杆上的螺纹用局部放大图表示其牙型并标注尺寸；螺杆右端为方榫，应该用移出断面表达，也便于标注其尺寸；左端有圆锥销孔，用局部视图表达并注明"配作"。

（3）标注尺寸 以螺杆水平轴线为径向尺寸主要基准，注出各轴段直径；以退刀槽右端面为长度方向尺寸主要基准，注出尺寸 32mm、174mm 和 $4\times\phi12$mm，再以两端面为辅助基准注出各部分尺寸。

（4）确定材料和技术要求 对于轴、杆、键、销等零件通常选用碳素结构钢，螺杆的材料采用 Q235-A 钢；为了使螺杆在钳座左右两圆柱孔内转动灵活，螺杆两端轴颈与圆孔采用基孔制间隙配合（$\phi18H8/f7$，$\phi12H8/f7$），螺杆上凡工作表面均选择 $Ra3.2\mu m$，如图 3-5 所示。

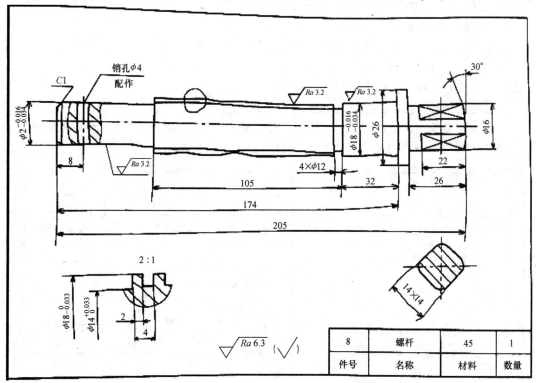

图 3-5 螺杆草图

## 3.4　绘制机用虎钳装配图

**1. 确定机用虎钳装配图的表达方案**

零件草图完成后，根据装配示意图和零件草图绘制装配图。在绘制装配图的过程中，对草图中存在的零件形状和尺寸的不妥之处做出必要的修改。

（1）主视图的选择　从装配示意图及拆卸过程可以看出，有6种零件集中装配在螺杆8上，而且该部件前后对称。因此，可通过螺杆轴线剖开部件得到全剖的主视图。这样，有10种零件在主视图上可以表达出来，能够将零件之间的装配关系、相互位置以及工作原理清晰地表达出来。左端圆柱销连接处可再用局部剖视图表达出装配连接关系。

（2）选择其他视图和表达方法　左视图可将螺母轴线及活动钳身放置在固定钳身上安装孔的轴线位置，然后取半剖画出。这样，半个剖视图上表达了固定钳身1、活动钳身4、螺钉3、螺母块9之间的装配连接关系；半个视图上同时表达了机用虎钳一个方向的外形，内、外形状兼而有之。俯视图可取外形图，侧重表达机用虎钳的外形，其次在外形图上取局部视图，表达出钳口板和螺钉的连接关系。

对于主视图和俯视图也应将螺母及活动钳身放置在与左视图相同的位置画出，以保证视图之间的投影对应关系。

**2. 确定图纸幅面和绘图比例**

图纸幅面和绘图比例应根据装配体的复杂程度和实际大小来选用，应清楚表达出主要装配关系和主要零件的结构。选用图幅时，还应注意在视图之间留有足够的空隙，以便标注尺寸、编写零件序号、注写明细栏和技术要求等。

**3. 绘制装配图的步骤**

1）布置图面：根据选定的视图，画出各视图的对称中心线和主要基准线，同时画出标题栏和明细栏的位置，如图3-6a所示。

2）画出固定钳身的三视图，如图3-6b所示。

3）画出活动钳身的三视图，如图3-6c所示。

4）按装配关系，逐个画出装配干线上零件的轮廓形状。画图时，要注意零件间的位置关系和遮挡的虚实关系。完成各个视图的底稿，如图3-6d所示。

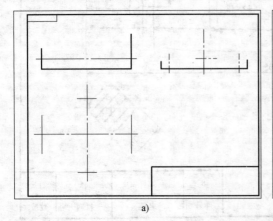

a)

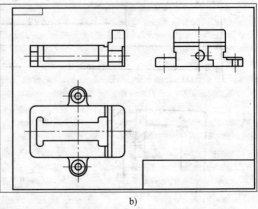

b)

图 3-6　机用虎钳装配图绘制步骤

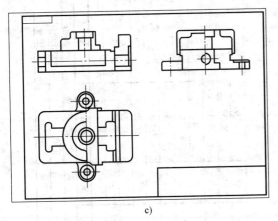
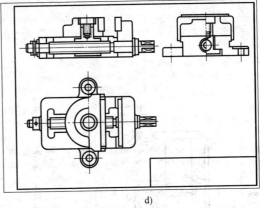

c)　　　　　　　　　　　　　　　d)

图 3-6　机用虎钳装配图绘制步骤（续）

5）画剖面线，标注尺寸，编零件序号，填写标题栏、明细栏及技术要求等，经过检查、修改，最后描深，如图 3-7 所示。

**4. 机用虎钳装配图上应标的尺寸**

1）性能尺寸。两钳口板之间的开闭距离表示虎钳的规格，应注出其尺寸，而且应以 0~70 的形式注出。

2）装配尺寸。相互配合或者相对位置有要求的部位均应考虑注出装配尺寸。

3）外形尺寸。机用虎钳总体的长、宽、高尺寸。

4）安装尺寸。机用虎钳是固定在机床上的，应注出安装孔的有关尺寸。

5）其他重要尺寸。在设计过程中，经计算或选定的重要尺寸。如螺杆轴线到底面的距离等。

6）对于以上零件各个表面均应考虑表面粗糙度要求，对主要配合面及接触面其表面粗糙度建议选取 $Ra1.6\mu m$，其他加工面选取 $Ra3.2\mu m$ 或 $Ra6.3\mu m$，不加工表面为毛坯面。

**5. 机用虎钳的技术要求**

1）活动钳身移动应灵活，不得摇摆。

2）装配后，两钳口板的夹紧表面应相互平行；钳口板上的连接螺钉头部不得伸出其表面。

3）夹紧工件后不允许自行松开工件。

## 3.5　绘制零件图

画装配图的过程，也是进一步校对零件草图的过程，而画零件图则是在零件草图经过画装配图进一步校核后进行的。从零件草图到零件图不是简单的重复照抄，应再次检查，及时订正，并按装配图中选定的极限与配合要求，在零件图上注写尺寸公差数值，标注几何公差代号和表面粗糙度的符号。

机用虎钳中零件图的分析内容由读者自行分析，各零件图如图 3-8~图 3-12 所示。

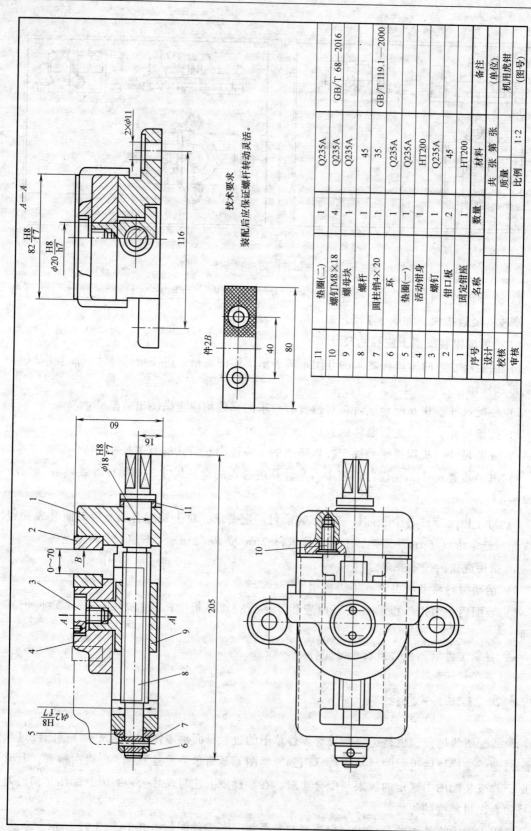

| 序号 | 名称 | 数量 | 材料 | 备注 |
|---|---|---|---|---|
| 11 | 垫圈（二） | 1 | Q235A | |
| 10 | 螺钉JM8×18 | 4 | Q235A | GB/T 68—2016 |
| 9 | 螺母块 | 1 | Q235A | |
| 8 | 螺杆 | 1 | 45 | |
| 7 | 圆柱销4×20 | 1 | 35 | GB/T 119.1—2000 |
| 6 | 环 | 1 | Q235A | |
| 5 | 垫圈（一） | 1 | Q235A | |
| 4 | 活动钳身 | 1 | HT200 | |
| 3 | 螺钉板 | 1 | Q235A | |
| 2 | 钳口板 | 2 | 45 | |
| 1 | 固定钳座 | 1 | HT200 | |

| 设计 | | | 共 张 第 张 | （单位） |
|---|---|---|---|---|
| 校核 | | | 质量 | 机用虎钳 |
| 审核 | | | 比例 1:2 | （图号） |

技术要求

装配后应保证螺杆转动灵活。

图 3-7 机用虎钳装配图

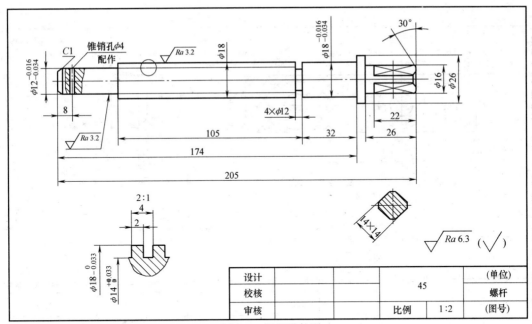

图 3-8 螺杆零件图

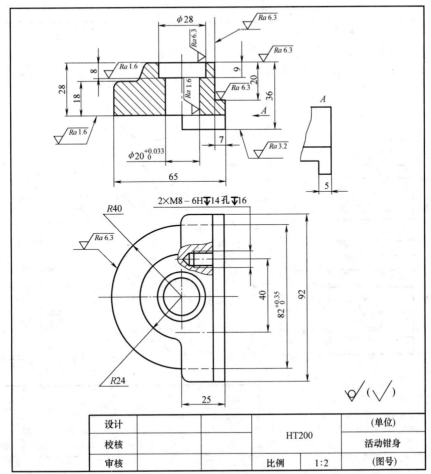

图 3-9 活动钳身零件图

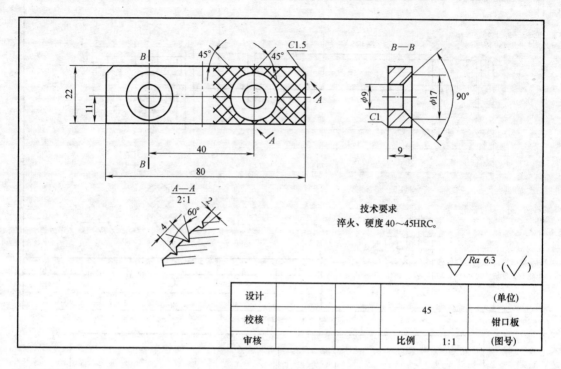

图 3-10 钳口板零件图

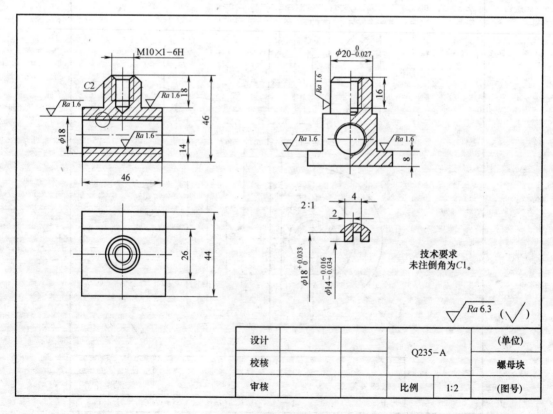

图 3-11 螺母块零件图

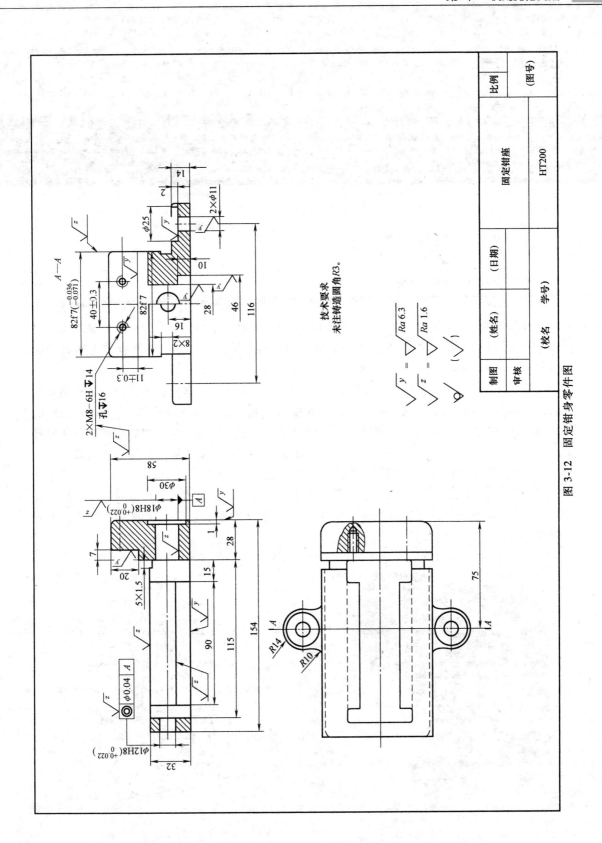

图 3-12 固定钳身零件图

# 第4章

# 齿轮泵测绘

## 4.1 齿轮泵部件分析

### 1. 齿轮泵的工作原理分析

图 4-1 所示为齿轮泵的轴测装配图。齿轮泵是各种机械润滑和液压系统的输油装置，用来给润滑系统提供压力油的。主要用于低压或噪声水平要求不高的场合。一般机械的润滑泵以及非自吸式泵的辅助泵都采用齿轮泵。从结构上看，齿轮泵可分为外啮合和内啮合两大类，其中以外啮合齿轮泵应用更广泛。

齿轮泵的工作原理：齿轮泵工作时，主动齿轮由电动机带动旋转，与主动齿轮相啮合的从动齿轮随之转动。当吸入室一侧的啮合齿逐渐分开时，吸入室的容积增大，故压力降低，便将吸入管中的液体吸入泵内。被吸入的液体分别从上面和下面沿泵体内腔被齿轮推送到排出室。由于排出室一侧的齿轮不断啮合，使排出室容积缩小，便将液体压送到排出管中。如图 4-2 所示，主动齿轮和从动齿轮不断旋转，齿轮泵就连续地吸入和排出液体。为了防止排出管堵塞而发生事故，通常在泵盖上设置安全阀。当排出口压力超过允许值时，安全阀自动打开，于是，高压液体返回吸入室，并使排出口处压力迅速下降（本次测绘的齿轮泵无安全阀）。

图 4-1　齿轮泵轴测装配图

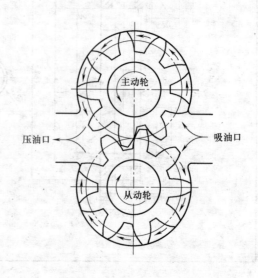

图 4-2　齿轮泵工作原理图

主动轮

压油口

从动轮

吸油口

**2. 齿轮泵的结构分析**

如图 4-3 所示，齿轮泵一般由一对齿数相同的齿轮、传动轴、端盖和壳体组成。泵体是齿轮泵的主要零件之一，它的内腔容纳一对吸油和压油的齿轮。将主动齿轮轴、从动齿轮轴装入泵体后，两侧有左端盖、右端盖支承这一对齿轮轴的旋转运动。由销将左、右端盖与泵体定位后，再用螺钉将左、右端盖与泵体连接成整体。为了防止泵体与端盖结合面处以及传动齿轮轴伸出端漏油，分别用垫片、密封圈、压盖及压紧螺母密封。

图 4-3 齿轮泵轴测分解图

1—左端盖 2—垫片 3—主动齿轮轴 4—键 5—泵体 6—圆柱销 7—螺母 8—垫圈
9—传动齿轮 10—压紧螺母 11—轴套 12—右端盖 13—从动齿轮轴 14—螺钉

# 4.2 绘制齿轮泵的装配示意图和拆卸齿轮泵

**1. 绘制装配示意图**

绘制装配示意图，如图 4-4 所示。从图中可以看出，齿轮泵有两条装配线：一条是主动

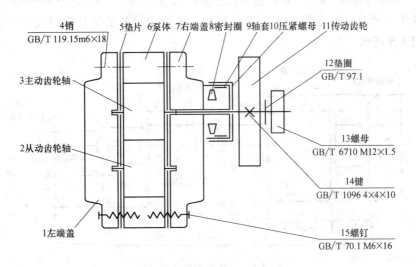

4销
GB/T 119.15m6×18

5垫片 6泵体 7右端盖 8密封圈 9轴套 10压紧螺母 11传动齿轮

3主动齿轮轴

12垫圈
GB/T 97.1

2从动齿轮轴

13螺母
GB/T 6710 M12×1.5

14键
GB/T 1096 4×4×10

1左端盖

15螺钉
GB/T 70.1 M6×16

图 4-4 齿轮泵装配示意图

齿轮轴装配线，主动齿轮轴装在泵体和左、右端盖的支承孔内，在主动齿轮轴右边的伸出端装有密封圈、轴套、压紧螺母、传动齿轮、键、弹簧垫圈和螺母；另一条是从动齿轮轴装配线，从动齿轮轴装在泵体和左、右端盖的支承孔内，与主动齿轮相啮合。

**2. 拆卸中了解齿轮泵各零件间的连接方式和配合关系**

（1）连接方式　泵体与泵盖通过销和螺钉定位连接，主动齿轮轴与从动齿轮轴通过两齿轮端面与左、右端盖内侧面接触而定位，主动齿轮轴伸出端上的传动齿轮由键与轴连接，并通过弹簧垫圈和螺母固定。

（2）配合关系　两齿轮轴在左、右端盖的轴孔中有相对运动（轴颈在轴孔中旋转），所以应该选用间隙配合；一对啮合齿轮在泵体内快速旋转，两齿顶圆与泵体内腔也是间隙配合；轴套的外圆柱面与右端盖轴孔虽然没有相对运动，但右端有螺母轴向锁紧，所以应选择较松的过渡配合（或较紧的间隙配合）。

## 4.3　绘制齿轮泵零件草图

齿轮泵中除了 6 种标准件以外，其他都是专用件，都要画出零件草图。下面是齿轮泵中的主动齿轮轴、右端盖等零件的测绘过程。

**1. 绘制主动齿轮轴**

（1）选择零件视图并确定表达方案　主动齿轮轴的结构比较简单，各部分均为同轴线的回转体。齿轮轴的左端与左端盖的支承孔装配在一起，右端有键槽，通过键与传动齿轮连接，再由垫圈和螺母紧固。齿轮部分的两端有砂轮越程槽，螺纹端有退刀槽。

主视图取轴线水平放置，键槽朝前，以表示键槽的形状。

（2）测量并标注尺寸　长度方向（轴向）以齿轮的左端面（此端面是确定齿轮轴在齿轮泵中轴向位置的重要端面）为主要尺寸（设计）基准，注出重要尺寸 25f7；长度方向辅助基准Ⅰ是轴的左端面，注出总长 112mm 和主要基准与辅助基准之间的联系尺寸 12mm；长度方向的辅助基准Ⅱ是轴的右端面，注出尺寸 30mm，再以辅助基准Ⅲ注出键槽的定位尺寸 12mm 和轴段长度 18mm，$\phi16$mm 轴段为长度方向尺寸链的开口环，空出不注尺寸；以水平位置的轴线作为径向（高度和宽度）尺寸基准，由此注出各轴段长度以及齿顶圆和分度圆直径，如图 4-5 所示。

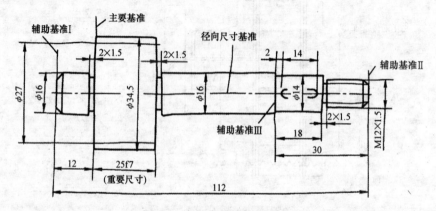

图 4-5　主动齿轮轴零件草图

（3）初定材料和技术要求的确定　齿轮轴选用碳素结构钢（整体调质后，齿面高频感应淬火处理），如45钢；承受摩擦的轴套可选用铸造铜合金，如ZCuSn5Pb5Zn5（铸造锡青铜）；齿轮泵的一对啮合齿轮在泵体内高速旋转，齿轮齿顶圆的表面和泵体齿轮孔的内表面都有较高的表面粗糙度要求，可选用$Ra6.3\mu m$；螺孔表面粗糙度可选用$Ra6.3\mu m$；一对啮合齿轮和泵体齿轮孔采用基孔制间隙配合（$\phi34.5H8/f7$）；齿轮轴与左、右端盖支承孔采用基孔制间隙配合（$\phi16H7/h6$）；主动齿轮轴与传动齿轮孔（用键连接）采用基孔制过渡配合（$\phi14H7/k6$）。

**2. 绘制右端盖**

（1）选择零件视图并确定表达方案　右端盖上部有主动齿轮轴穿过，下部有从动齿轮轴轴颈的支承孔，在右部凸缘的外圆柱面上有外螺纹，用压紧螺母通过轴套将密封圈压紧在轴的四周。右端盖的外形为长圆形，沿周围分布有六个具有沉孔的螺钉孔和两个圆柱销孔，如图4-6所示。

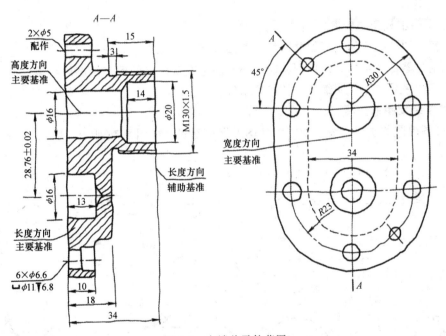

图 4-6　右端盖零件草图

右端盖主视图的投射方向按其工作位置确定，并用一组相交的切割平面对主视图作全剖。主视图上未能表达右端盖的端面形状和连接板上孔的分布情况，可选择左视图或右视图来表达。选右视图的优点是避免了虚线，若选左视图，长圆形凸缘的投影轮廓线虽为虚线，却可省略许多没有必要画出的圆，从而使绘图简便。

（2）测量并标注尺寸　以左端面为长度方向的主要尺寸基准，注出右端盖的厚度10mm和凸缘的厚度18mm，以及不通孔深度13mm。右端盖的右端面的长度方向的辅助基准（其联系尺寸为总长尺寸34mm），注出沉孔深度尺寸14mm，外螺纹长度15mm（含退刀槽长度尺寸3mm）。宽度方向以铅垂方向的对称中心线为主要尺寸基准，注出尺寸R30mm，螺钉孔、销的定位尺寸R23mm以及凸缘宽度尺寸34mm。高度方向以右端盖上部通孔的轴线为主要尺寸基准，由此注出不通孔$\phi16$mm的定位尺寸（28.76±0.02）mm，此尺寸属于经计算所得的重要尺寸，不应圆整为整数。

（3）初定材料和技术要求的确定　齿轮泵的泵体和左、右端盖都是铸件，一般选用中等强度的灰铸铁（人工时效处理），如 HT200；泵体与左、右端盖的结合面（中间有垫片）表面粗糙度选用 $Ra3.2\mu m$。

## 4.4　绘制齿轮泵装配图

### 1. 确定齿轮泵装配图的表达方案

齿轮泵由泵体、左右端盖、主动齿轮轴等 15 种零件装配而成，其中标准件 6 种。装配图用两个视图表达。主视图 $A—A$ 全剖视图，表达各零件之间的装配关系。左视图采用了半剖视图，沿左端盖与泵体的结合面剖开，表达齿轮泵的外部形状、齿轮的啮合情况和吸、压油的工作原理。局部视图来表达进油口。齿轮泵的外形尺寸是 118mm、85mm、95mm，可知该齿轮泵体积不大。

### 2. 确定图纸幅面和绘图比例

图纸幅面和绘图比例应根据装配体的复杂程度和实际大小来选用，应清楚表达出主要装配关系和主要零件的结构。选用图幅时，还应注意在视图之间留有足够的空隙，以便标注尺寸、编写零件序号、注写明细栏、技术要求等。

### 3. 绘制装配图的步骤

1）画各视图的主要轴线、中心线和图形定位基线，如图 4-7a 所示。

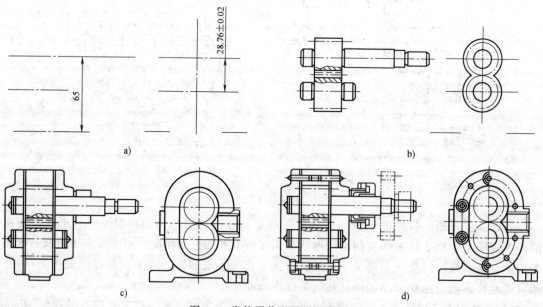

图 4-7　齿轮泵装配图画图步骤

2）由主视图入手配合其他视图，按装配干线，从主动齿轮轴开始，由里向外逐个画出齿轮轴、泵体、泵盖、垫片、密封圈、轴套、压紧螺母、键、传动齿轮等；或从泵体开始由外向里逐个画出主动齿轮轴、从动齿轮轴等，完成装配图的底稿，如图 4-7b~d 所示。

3）校核底稿，擦去多余作图线，描深，画剖面线、尺寸界线、尺寸线和箭头。

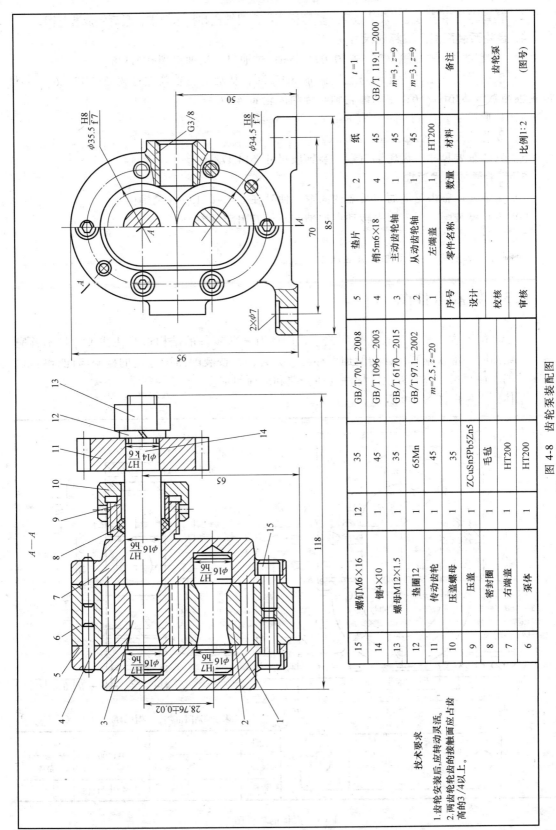

图 4-8 齿轮泵装配图

技术要求
1. 齿轮安装后,应转动灵活。
2. 两齿轮轮齿的接触齿面应占齿高的3/4以上。

| 序号 | 零件名称 | 数量 | 材料 | 备注 |
|---|---|---|---|---|
| 5 | 垫片 | 2 | 纸 | |
| 4 | 销5m6×18 | 4 | 45 | GB/T 119.1—2000 |
| 3 | 主动齿轮轴 | 1 | 45 | m=3, z=9 |
| 2 | 从动齿轮轴 | 1 | 45 | m=3, z=9 |
| 1 | 左端盖 | 1 | HT200 | |
| 序号 | 零件名称 | 数量 | 材料 | 备注 |

设计　　　　　　　　　　　齿轮泵

校核

审核　　　比例1:2　　　　　(图号)

| 15 | 螺钉M6×16 | 12 | 35 | GB/T 70.1—2008 |
| 14 | 键4×10 | 1 | 45 | GB/T 1096—2003 |
| 13 | 螺母M12×1.5 | 1 | 35 | GB/T 6170—2015 |
| 12 | 垫圈12 | 1 | 65Mn | GB/T 97.1—2002 |
| 11 | 传动齿轮 | 1 | 45 | m=2.5, z=20 |
| 10 | 压盖螺母 | 1 | 35 | |
| 9 | 压盖 | 1 | ZCuSn5Pb5Zn5 | |
| 8 | 密封圈 | 1 | 毛毡 | |
| 7 | 右端盖 | 1 | HT200 | |
| 6 | 泵体 | 1 | HT200 | |

4）注写零件序号，注写尺寸数字，填写标题栏、明细栏和技术要求，最后完成装配图。

**4. 齿轮泵装配图上应标的尺寸**

1）性能尺寸。中心距（28.76±0.02）mm；进油口、出油口螺孔 G3/8。

2）装配尺寸。主动齿轮轴与左端盖 $\phi$16H7/h6；从动齿轮轴与左端盖 $\phi$16H7/h6；主动齿轮轴与泵体 $\phi$16H7/h6；主动齿轮轴与传动齿轮 $\phi$14H7/k6。

3）外形尺寸。长 118mm，宽 85mm，高 95mm。

4）安装孔尺寸。2×$\phi$7mm，80mm。

5）其他重要尺寸。齿轮轴右端安装轴段尺寸 $\phi$14H7/k6。

**5. 齿轮泵的技术要求**

1）用垫片调整齿轮端面与泵盖的间隙，使其在 0.1~0.15mm 范围内。

2）齿轮泵装配好后，用手转动主动轴，不得有阻滞现象。

3）不得有渗油现象。

绘制好的齿轮泵装配图如图 4-8 所示。

## 4.5 绘制零件图

由于装配图主要是用来表达装配关系，因此对某些零件的结构形状往往表达得不够完整，在绘图时，应根据零件的功能加以补充、完善，并按装配图中选定的极限与配合要求，在零件图上注写尺寸公差数值，标注几何公差和表面粗糙度。

泵体的零件图如图 4-9 所示。

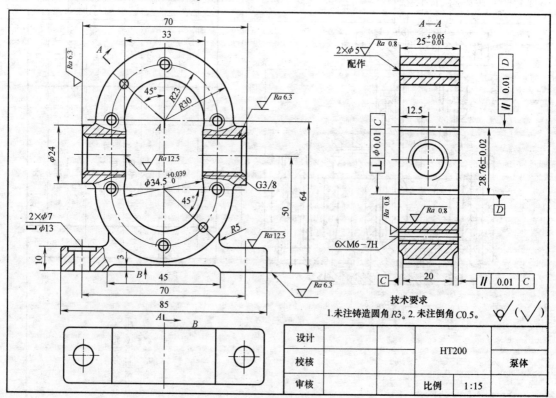

图 4-9　泵体的零件图

# 第5章

# 千斤顶测绘

## 5.1 千斤顶部件分析

### 1. 千斤顶的工作原理分析

图 5-1 所示为千斤顶的轴测装配图。千斤顶是利用螺纹传动来顶起重物的起重或顶压工具。用一绞杠使螺杆在螺套中转动，而螺套镶在底座里，并用螺钉定位。螺杆的一端为球面，球面上套装一个顶垫并加装一个螺钉，使其不脱落。绞杠转动时，螺旋杆在做转动的同时做轴向移动。

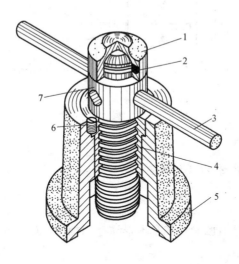

图 5-1　千斤顶轴测装配图

1—顶垫　2—螺钉 M8×12　3—绞杠　4—螺套　5—底座　6—螺钉 M10×12　7—螺杆

### 2. 千斤顶的结构分析

千斤顶是用来支承和顶起重物的机构。如图 5-1 所示，将绞杠插入螺杆的 $\phi22$mm 孔中，以旋转螺杆。螺杆具有锯齿形螺纹 B50×8；螺套以过渡配合压装于底座中，并用两个圆柱端紧定螺钉 M10×12 止转、固定，这样就能达到螺杆旋转而使重物升降。顶垫以 $SR25$mm 内圆球面和螺杆顶部接触，并能微量摆动以适应不同情况的接触面。挡圈用一个 M10×30 的沉头螺钉固定在螺杆下端，以防止其旋出螺套。

## 5.2 绘制千斤顶的装配示意图

沿装配轴线按装配关系依次画出底座→螺套→螺杆→绞杠→顶垫等零件。千斤顶装配示意图如图 5-2 所示。学生在绘制过程中应了解千斤顶各零件间的关系。

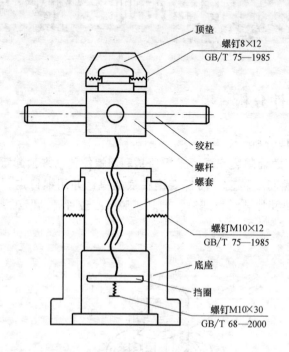

图 5-2 千斤顶装配示意图

## 5.3 绘制千斤顶零件草图

### 1. 绘制底座零件草图

底座是一铸件，材料是 HT200。其基本形体是同轴回转体，在标注各段直径后，只需一个全剖主视图即可表达完整。

底座零件草图如图 5-3 所示。

### 2. 绘制螺杆零件草图

其视图有一个局部剖视的主视图，和一个只画出一半的移出断面。右上方的局部剖是表示矩形螺纹牙型的，否则加工方向错了，就不符合设计要求。而对于对称的普通螺纹、梯形螺纹，一般不必画出牙型。

凡是标注螺纹尺寸，必须注出其公差带代号，除非只有一种公差带代号。不通的螺纹孔，应同时注出内螺纹长度及钻孔深度。螺纹倒角由工艺常规处理。

两个正交 $\phi 22mm$ 孔，不能仅从相贯线来判断其直径是否相等，因为若直径相差不多，则相贯线也近似，所以，两个孔均应标注尺寸 $\phi 22mm$。

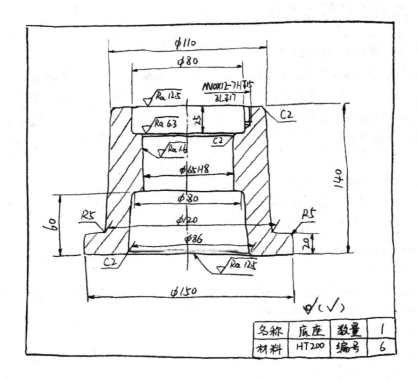

图 5-3　底座零件草图

螺杆零件草图如图 5-4 所示。

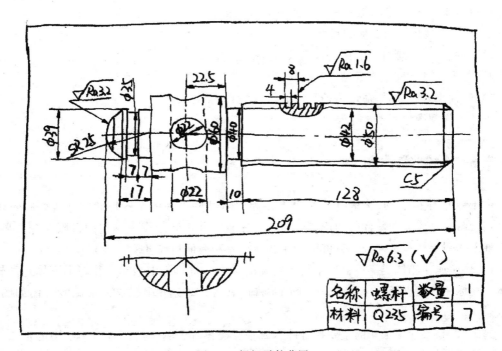

图 5-4　螺杆零件草图

## 5.4 绘制千斤顶装配图

**1. 确定千斤顶装配图的表达方案**

由千斤顶的工作原理可知，千斤顶的装配主干线是螺杆，为了清楚地表达千斤顶的内外部装配结构，应将千斤顶的工作位置作为主视图，并需要进行全剖处理。在主视图上，千斤顶的 7 个零件所处的位置及装配关系、各零件的主要形状均已表达清楚，只有螺杆上与绞杠配合的孔没有表达充分，故采用拆去绞杠零件，沿螺旋杆上部孔的轴线剖开的断面图表达清楚。

**2. 确定图纸幅面和绘图比例**

图纸幅面和绘图比例应根据装配体的复杂程度和实际大小来选用，应清楚表达出主要装配关系和主要零件的结构。选用图幅时，还应注意在视图之间留有足够的空隙，以便标注尺寸、编写零件序号、注写明细栏、技术要求等。

**3. 绘制装配图**

（1）布置图幅 画图时，先在图纸内估量这三个图形所占的位置和面积，标题栏和明细栏所占的面积，注意留出编写序号和标注尺寸的地方。

（2）画图步骤

1）画法一：先画螺杆，后在适当位置画螺套（锯齿形螺纹超出螺套顶面约 5mm 或者 10mm 为宜）及底座、顶垫等。

2）画法二：先画底座，后画螺杆，再画顶垫、手柄等，各标准螺钉应先查表。

（3）画紧固件 在画出的草图上注上查得的主要有关尺寸，再画入装配图中。一字槽应以比粗实线粗 2~3 倍的粗线表示，而不可画出槽。

**4. 千斤顶装配图上应标的尺寸**

1）装配尺寸。螺套与底座的配合尺寸 $\phi65H7/js6$。

2）外形尺寸。底座直径 $\phi150mm$。

3）特性尺寸。起重高度范围尺寸为 221~281mm。

千斤顶装配图如图 5-5 所示。

## 5.5 绘制零件图

由于装配图主要是用来表达装配关系，因此对某些零件的结构形状往往表达得不够完整，在绘图时，应根据零件的功用加以补充、完善，并按装配图中选定的极限与配合要求，在零件工作图上注写尺寸公差数值，标注几何公差和表面粗糙度。

1）底座属于箱体类零件，要求具有较高的强度。材料为 HT200，其基本形体是同轴回转体。在标注各段直径后，只需一个全剖主视图就可以表达出其结构。底座零件图如图 5-6 所示。

2）螺杆是千斤顶工作的主要执行件，属轴套类零件，其螺纹部分是测绘中的重点工作内容。螺杆零件图如图 5-7 所示。

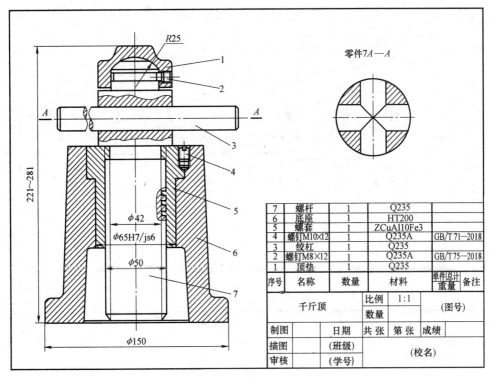

图 5-5　千斤顶装配图

| 7 | 螺杆 | 1 | Q235 | |
|---|---|---|---|---|
| 6 | 底座 | 1 | HT200 | |
| 5 | 螺套 | 1 | ZCuAl10Fe3 | |
| 4 | 螺钉M10×12 | 1 | Q235A | GB/T 71—2018 |
| 3 | 绞杠 | 1 | Q235 | |
| 2 | 螺钉M8×12 | 1 | Q235A | GB/T 75—2018 |
| 1 | 顶垫 | 1 | Q235 | |
| 序号 | 名称 | 数量 | 材料 | 单件总计 重量 备注 |

| 千斤顶 | | 比例 | 1:1 | (图号) |
|---|---|---|---|---|
| | | 数量 | | |
| 制图 | | 日期 | 共 张　第 张　成绩 | |
| 描图 | | (班级) | (校名) | |
| 审核 | | (学号) | | |

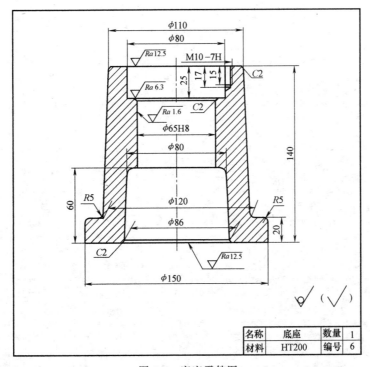

图 5-6　底座零件图

| 名称 | 底座 | 数量 | 1 |
|---|---|---|---|
| 材料 | HT200 | 编号 | 6 |

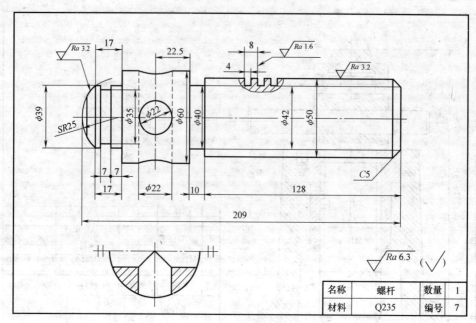

图 5-7 螺杆零件图

| 名称 | 螺杆 | 数量 | 1 |
|---|---|---|---|
| 材料 | Q235 | 编号 | 7 |

# 第6章

# 球阀测绘

## 6.1　球阀部件分析

### 1. 球阀的工作原理分析

球阀是介质（油、水或者其他液体）管路中的一个部件，用以控制液体的通过或阻断。工作时，当手柄与阀座孔轴线平行时，阀芯的通孔完全与管路的通径重合，阀门完全打开，流量最大；当手柄与阀座孔轴线垂直时，阀芯的通孔完全与管路的通径垂直，阀门完全被截断，介质不能通过；当手柄处于与阀座孔轴线平行和垂直中间的任何位置时，管路处于半开半闭的状态。

### 2. 球阀的结构分析

球阀主要由阀座、阀盖、阀芯、阀杆、密封圈、填料、手柄等组成，如图6-1所示。阀芯装在阀座中间的球形空间内，用阀盖并通过4个双头螺柱固定；为防止介质渗漏，阀芯两端用密封圈密封；阀杆下端的扁平部分插在阀芯的槽中，上部的扁尾用以安装手柄，并用开

图 6-1　球阀

1—阀座　2、4—密封圈　3—阀芯　5—六角连接管　6—填料压紧套　7—阀杆　8—扳手　9—开口销
10—压紧螺母　11—填料　12—调整垫　13—垫圈　14—螺柱　15—螺母　16—阀盖

口销固定；为防止介质从阀杆处渗漏，在阀杆和六角连接套之间加了填料，压套和压紧螺母可以调整填料的松紧程度；调整垫的作用是防止六角螺母拧紧后，其下端面与阀杆接触卡死阀杆或影响阀杆的转动灵活性。

## 6.2 绘制球阀的装配示意图和拆卸球阀

### 1. 绘制装配示意图（图6-2）

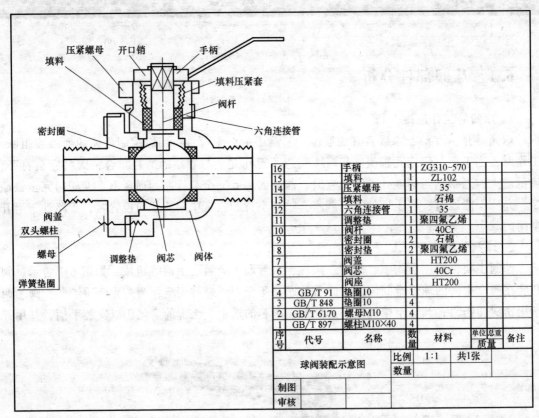

| 16 | | 手柄 | 1 | ZG310-570 | | |
| 15 | | 填料 | 1 | ZL102 | | |
| 14 | | 压紧螺母 | 1 | 35 | | |
| 13 | | 填料 | 1 | 石棉 | | |
| 12 | | 六角连接管 | 1 | 35 | | |
| 11 | | 调整垫 | 1 | 聚四氟乙烯 | | |
| 10 | | 阀杆 | 1 | 40Cr | | |
| 9 | | 密封圈 | 2 | 石棉 | | |
| 8 | | 密封垫 | 2 | 聚四氟乙烯 | | |
| 7 | | 阀盖 | 1 | HT200 | | |
| 6 | | 阀芯 | 1 | 40Cr | | |
| 5 | | 阀座 | 1 | HT200 | | |
| 4 | GB/T 91 | 垫圈10 | 1 | | | |
| 3 | GB/T 848 | 垫圈10 | 4 | | | |
| 2 | GB/T 6170 | 螺母M10 | 4 | | | |
| 1 | GB/T 897 | 螺柱M10×40 | 4 | | | |
| 序号 | 代号 | 名称 | 数量 | 材料 | 单位 总重 质量 | 备注 |
| 球阀装配示意图 | | | 比例 | 1:1 | 共1张 | |
| | | | 数量 | | | |
| 制图 | | | | | | |
| 审核 | | | | | | |

图6-2 球阀装配示意图

### 2. 拆卸球阀

首先拔出开口销，取下手柄；旋出压紧螺母，拿掉压套，再卸下六角连接螺母并带出填料，即可拿下调整垫和阀杆；拆掉六角螺母和弹簧垫圈，即可拿下阀盖，拆出垫圈、密封圈和阀芯。

## 6.3 绘制球阀零件草图

球阀中除了4种标准件以外，其他都是专用件，都要画出零件草图。下面是球阀中阀座和阀盖的测绘过程。

### 1. 测绘阀座

（1）选择零件视图并确定表达方案 主视图采用阀座轴线水平、阀杆安装孔向前的位置放置，沿轴线半剖；左视图采用局部剖；采用 *A* 向视图表达出与管路连接端面的形状。

（2）测量尺寸并标注　球阀的阀座结构比较简单，采用一般的测量工具和方法即可完成各尺寸的测量，将测得的各部分尺寸标注在草图上，完成的零件草图如图6-3所示。

（3）初定材料和确定技术要求　阀体为铸件，其铸造圆角为 *R*3～*R*5mm，对于几何公差的要求，应考虑左侧面4个螺纹孔相对其轴线应有位置度公差要求，建议选用 φ0.5mm，阀杆安装孔相对于液体流通孔应有垂直度要求，建议采用7级精度，查国家标准确定。

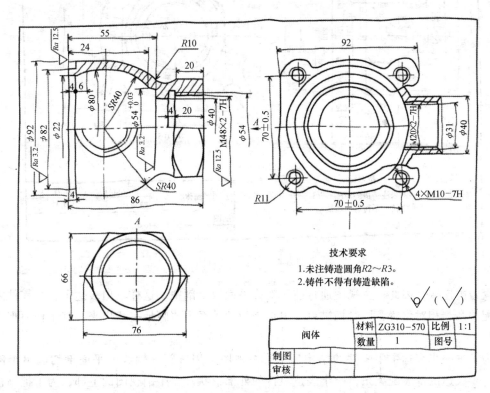

图6-3　阀体零件草图

**2. 测绘阀盖**

（1）选择零件视图、确定表达方案　主视图采用工作位置，沿轴线半剖，表达内部螺纹及右侧止口结构，在表达外形部分上采取局部剖，表达出螺栓孔结构。左视图主要反映出4个螺纹孔的相对位置和外形。完成的零件草图如图6-4所示。

（2）测量尺寸并标注

（3）初定材料和确定技术要求　选 ZG320—570。对于表面粗糙度要求，结合面建议选取 *Ra*6.3μm，与阀座装配处选用 *Ra*3.2μm，其他加工面取 *Ra*12.5μm；不加工面为毛坯面。

# 6.4　绘制球阀装配图

**1. 确定球阀装配图的表达方案**

球阀有两条装配线，一条是沿阀体、密封圈、阀芯、阀盖装配，另一条是沿阀芯、阀杆、填料、压盖、连接螺母、压紧螺母及垫圈装配，整个部件前后对称。阀体、阀盖属于壳

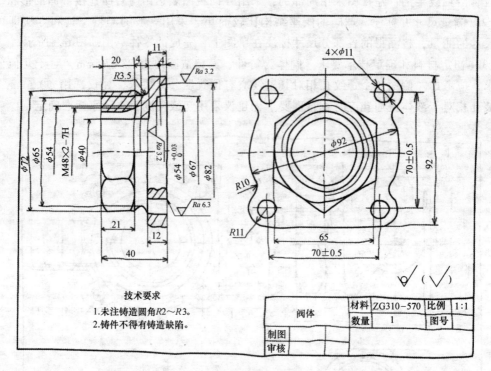

图 6-4　阀盖零件草图

体、盘盖类连接，因此，主视图通过前后对称平面取全剖视。这样不但表达了各个零件之间的装配关系、相对位置，同时把进口、出口之间的关系也清晰地表达出来，其工作原理一目了然。

为了进一步表达主要零件的结构形状，左视图采用过阀杆轴线的平面剖切画出半剖视图，一半表达内部装配关系，一半表达零件的外部形状。在半剖视图的上部，为了把阀杆上安装手柄的局部结构表达得更清楚，采用了拆去零件的表达方法，并用局部剖表达开口销孔的结构。

俯视图采用局部剖视图画法，一方面清楚表达球阀的外形以及双头螺柱和手柄相对阀座的位置，另一方面采用局部剖后又清楚表达了螺母、垫圈和双头螺柱的装配关系。

此外，还可用局部视图、移出断面进一步表达阀座的结构形状，这样对装配图、拆画零件图都有益。完成的球阀装配图如图 6-5 所示。

**2. 球阀装配图上应标的尺寸**

（1）性能尺寸　进、出油孔的直径表示球阀的规格，均应标注尺寸。

（2）装配尺寸　阀盖和阀座的配合确定了密封圈的位置，要求严格，建议采用 H7/f6。阀杆与阀芯之间、压盖与六角连接套之间、填料和阀杆之间的配合要求较松，建议选取 H11/d10。

（3）外形尺寸　总宽为阀座的宽度，总长、总高可通过计算标注。

（4）安装尺寸　应标注出与管道连接的安装螺纹尺寸 M48×2—7H。

（5）其他重要尺寸　球阀的通径、通径轴线到手柄顶面的距离等尺寸。

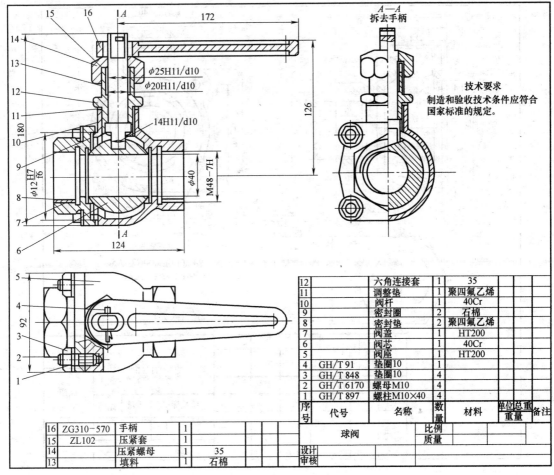

图 6-5 球阀装配图

下表为装配图中的明细栏内容：

| 12 | | 六角连接套 | 1 | 35 | | |
|----|----|----|----|----|----|----|
| 11 | | 调整垫 | 1 | 聚四氟乙烯 | | |
| 10 | | 阀杆 | 1 | 40Cr | | |
| 9 | | 密封圈 | 2 | 石棉 | | |
| 8 | | 密封垫 | 2 | 聚四氟乙烯 | | |
| 7 | | 阀盖 | 1 | HT200 | | |
| 6 | | 阀芯 | 1 | 40Cr | | |
| 5 | | 阀座 | 1 | HT200 | | |
| 4 | GH/T 91 | 垫圈10 | 1 | | | |
| 3 | GH/T 848 | 垫圈10 | 4 | | | |
| 2 | GH/T 6170 | 螺母M10 | 4 | | | |
| 1 | GH/T 897 | 螺柱M10×40 | 4 | | | |
| 序号 | 代号 | 名称 | 数量 | 材料 | 单位重量/总重量 | 备注 |

| 16 | ZG310-570 | 手柄 | 1 | | 球阀 | 比例 | |
|----|----|----|----|----|----|----|----|
| 15 | ZL102 | 压紧套 | 1 | | | 质量 | |
| 14 | | 压紧螺母 | 1 | 35 | 设计 | | |
| 13 | | 填料 | 1 | 石棉 | 审核 | | |

技术要求
制造和验收技术条件应符合国家标准的规定。

### 3. 球阀的技术要求

球阀装配完成后，经压力试验不得有渗漏现象。制造和验收技术条件应符合国家标准要求。

## 6.5 绘制球阀零件图

### 1. 阀座

阀座是球阀的重要零件，属于壳体类零件。为便于看图，修正阀座草图的表达方案，主视图采用工作位置，如图6-6所示，可通过前后对称面采用全剖视，重点表达阀座的内部结构和形状，左视图沿阀杆孔轴线作半剖，既表达了阀座和阀盖连接表面的形状，又表达了连接孔的分布情况，同时也表达了阀体中部的外形和内形及中间阀杆安装孔的位置和形状。向视图对左侧六角形接头采用规定画法，进行补充表达，也便于标注尺寸。通过连接螺柱孔轴线作局部剖视，将螺柱孔的结构表达清楚。

液体流通孔的相对位置及通断情况在主视图上已表达清楚，右端面的形状通过向视图也表达清楚。采用此表达方案，既完整、清晰地将阀座的内、外结构和形状表达出来，较草图

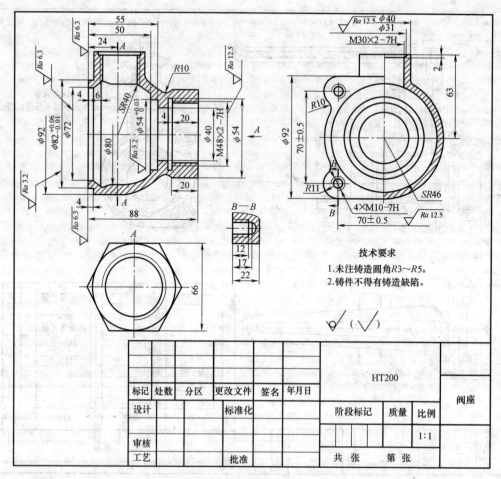

图 6-6　阀座零件图

方案又不增加工作量，比较合理。

**2. 阀芯**

阀芯是球阀的关键零件，其灵敏度直接影响球阀的工作性能。阀芯属于轴套类零件，各表面均在车床上加工。因此，画零件图时对草图所采用的表达方案进行修正，考虑按其加工位置放置、轴线水平更为合理，如图 6-7 所示。主视图采用全剖视图表达阀杆安装缺口宽度和中心孔。左视图采用局部剖，进一步表达阀杆安装缺口的结构形状，通过两个视图再加上尺寸标注即可完全表达清楚阀芯的结构。

关于尺寸公差的要求，对于重要的外球面和两端面尺寸公差，建议采用 js7，与阀杆相配处建议采用间隙配合，选取 H8。

**3. 阀盖**

阀盖安装在阀座上，它们之间通过四个双头螺柱连接起来。阀盖属于盘盖类零件，可按其加工位置考虑，轴线水平放置，这样便于加工时图物对照。如图 6-8 所示，主视图采用半剖视图，重点表达内部形状和外面结构，在表达外形的半个视图中又采用了局部剖，将 4 个连接孔的内部结构表达清楚。左视图为外形图，重点表达外形及 4 个连接孔的分布情况。

关于尺寸公差的要求，只有与阀座装配处的止口尺寸要求较高，建议采用 H7。

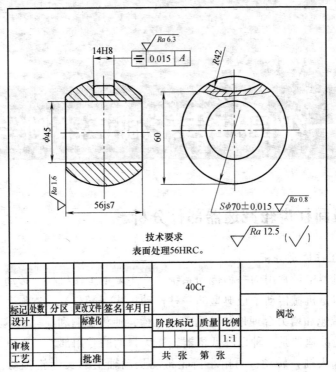

技术要求
表面处理56HRC。

40Cr

阀芯

| 标记 | 处数 | 分区 | 更改文件 | 签名 | 年月日 | | | |
|------|------|------|----------|------|--------|---|---|---|
| 设计 | | | 标准化 | | | | | |
| | | | | | | 阶段标记 | 质量 | 比例 |
| 审核 | | | | | | | | 1:1 |
| 工艺 | | | 批准 | | | 共 张 第 张 | | |

图 6-7 阀芯零件工作图

对于几何公差的要求，为了保证阀盖与阀座螺柱连接的正确位置，应考虑 4 个连接孔有位置度公差要求，与阀座相同，选用±0.5mm。

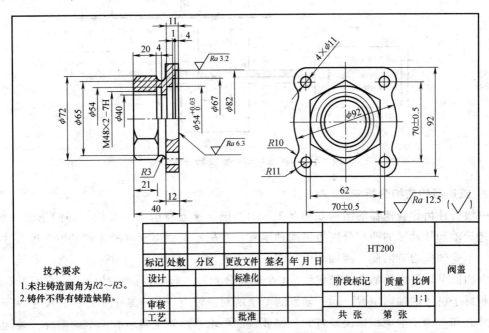

技术要求
1.未注铸造圆角为R2～R3。
2.铸件不得有铸造缺陷。

HT200

阀盖

| 标记 | 处数 | 分区 | 更改文件 | 签名 | 年月日 | | | |
|------|------|------|----------|------|--------|---|---|---|
| 设计 | | | 标准化 | | | | | |
| | | | | | | 阶段标记 | 质量 | 比例 |
| 审核 | | | | | | | | 1:1 |
| 工艺 | | | 批准 | | | 共 张 第 张 | | |

图 6-8 阀盖零件图

# 第7章

# 一级圆柱齿轮减速器测绘

## 7.1 一级圆柱齿轮减速器部件分析

### 1. 减速器的工作原理分析

机械传动是机器中最常用的一种传动系统。它主要由工作机构、传动机构和动力机构三部分组成。减速器是机械传动中最典型的一种传动机构（部件），它将动力机构的动力（转速和转矩）经过减速和增力合理地传送到工作机构，使机器顺利地完成其工作职能。

一级圆柱齿轮减速器是一种以降低机器转速为目的的专用部件，由电动机通过带轮带动主动小齿轮轴（输入轴）转动，再由小齿轮带动从动轴上的大齿轮转动，将动力传递到大齿轮轴（输出轴），以实现减速的目的。一级圆柱齿轮减速器的运动简图如图7-1所示。

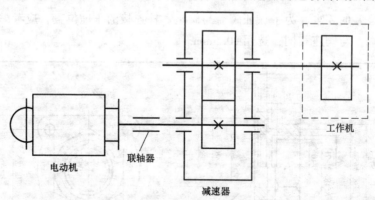

电动机　　　联轴器　　　减速器　　　工作机

图7-1　一级圆柱齿轮减速器运动简图

### 2. 减速器的结构分析

一级圆柱齿轮减速器的结构如图7-2所示。该减速器有两条装配线，即两条轴系结构，主动齿轮轴和从动轴的两端分别由滚动轴承支承在机座上。由于该减速器采用直齿圆柱齿轮传动，不受轴向力，因此，两轴均由深沟球轴承支承，轴和轴承采用过渡配合，有较好的同轴度，因而可保证齿轮啮合的稳定性。4个端盖分别嵌入箱体内的环槽中，确定了轴和轴上零件相对于机体的轴向位置。同一轴系的两槽所对应轴上各装有8个零件，其尺寸等于各零件尺寸之和。为了避免积累误差过大，保证装配要求，两轴上各装有一个调整环，装配时只需调整轴上的调整环的厚度，使其总间隙达到0.08～0.12mm，即可满足轴向游隙要求。

机体由两部分组成，采用上下剖分式结构，沿两轴线平面分为机座和机盖，两零件采用螺栓连接，便于装配和拆卸。为了保证机体上轴承孔的正确位置和配合尺寸，两零件必须装配后才能加工轴承孔，因此，在机盖与机座左右两边的凸缘处分别采用两圆锥销无间隙定位，保证机盖与机座的相对位置。锥销孔钻成通孔，便于拆装。机体前后对称，其中间空腔内安置两啮合尺寸，轴承和端盖对称分布在齿轮的两侧。

减速器的齿轮工作时采用浸油润滑，机座下部为油池，油池内装有润滑油。从动齿轮的轮齿浸泡在油池中，转动时可把油带到啮合表面，起润滑作用。为了控制机座油池中的油量，油面高度通过透明的有机玻璃圆形油标观察。轴承依靠大齿轮搅动油池中的油来润滑，为防止甩向轴承的油过多，在主动轴支承轴承内侧设置了挡油环。

轴承端盖采用嵌入式结构，不用螺钉固定，结构简单，同时也减轻了质量，缩短了轴承座尺寸；缺点是调整不方便，只能用于不可调轴承。输入轴和输出轴的一端从透盖孔中伸出，为避免轴和盖之间摩擦，盖孔与轴之间留有一定间隙，端盖内装有毛毡密封圈，紧紧套在轴上，可防止油向外渗漏和异物进入箱体内。

当减速器工作时，由于一些零件摩擦而发热，箱体内温度会升高，从而引起气体热膨胀，导致箱体内压力增高，因此，在顶部设计有透气装置。透气塞是为了排放箱体内的膨胀气体，减小内部压力而设置的。透气塞的小孔使箱体内的膨胀气体能够及时排出，从而避免箱体内的压力增高。拆去视孔盖后可监视齿轮磨损情况或加油。油池底面应有斜度，放油时能使油顺利流向放油孔位置。放油塞用于清洗放油，其螺孔应低于油池底面，以便于放尽油泥。

箱座的左右两边各有两个成钩状的加强肋，起吊运运输用；机盖重量较轻，可不设起重吊环或吊钩。

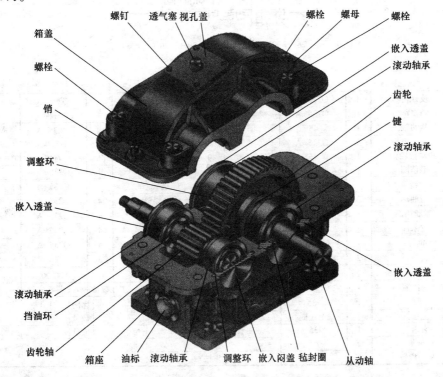

图 7-2 一级圆柱齿轮减速器结构

## 7.2 绘制一级圆柱齿轮减速器的装配示意图和拆卸一级圆柱齿轮减速器

1. 绘制装配示意图（图7-3）

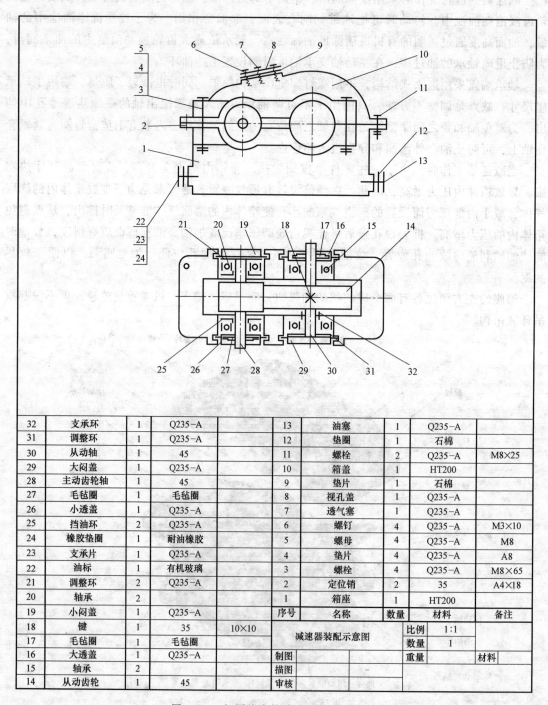

| 32 | 支承环 | 1 | Q235-A | | 13 | 油塞 | 1 | Q235-A | |
|----|--------|---|--------|---|----|------|---|---------|---|
| 31 | 调整环 | 1 | Q235-A | | 12 | 垫圈 | 1 | 石棉 | |
| 30 | 从动轴 | 1 | 45 | | 11 | 螺栓 | 2 | Q235-A | M8×25 |
| 29 | 大闷盖 | 1 | Q235-A | | 10 | 箱盖 | 1 | HT200 | |
| 28 | 主动齿轮轴 | 1 | 45 | | 9 | 垫片 | 1 | 石棉 | |
| 27 | 毛毡圈 | 1 | 毛毡圈 | | 8 | 视孔盖 | 1 | Q235-A | |
| 26 | 小透盖 | 1 | Q235-A | | 7 | 透气塞 | 1 | Q235-A | |
| 25 | 挡油环 | 2 | Q235-A | | 6 | 螺钉 | 4 | Q235-A | M3×10 |
| 24 | 橡胶垫圈 | 1 | 耐油橡胶 | | 5 | 螺母 | 4 | Q235-A | M8 |
| 23 | 支承片 | 1 | Q235-A | | 4 | 垫片 | 4 | Q235-A | A8 |
| 22 | 油标 | 1 | 有机玻璃 | | 3 | 螺栓 | 4 | Q235-A | M8×65 |
| 21 | 调整环 | 2 | Q235-A | | 2 | 定位销 | 2 | 35 | A4×18 |
| 20 | 轴承 | 2 | | | 1 | 箱座 | 1 | HT200 | |
| 19 | 小闷盖 | 1 | Q235-A | | 序号 | 名称 | 数量 | 材料 | 备注 |
| 18 | 键 | 1 | 35 | 10×10 | 减速器装配示意图 | | 比例 | 1:1 | |
| 17 | 毛毡圈 | 1 | 毛毡圈 | | | | 数量 | 1 | |
| 16 | 大透盖 | 1 | Q235-A | | 制图 | | 重量 | | 材料 |
| 15 | 轴承 | 2 | | | 描图 | | | | |
| 14 | 从动齿轮 | 1 | 45 | | 审核 | | | | |

图 7-3  一级圆柱齿轮减速器装配示意图

**2. 拆卸一级圆柱齿轮减速器**

机座与机盖通过 6 个螺栓连接，拆下 6 个螺栓，即可将机盖拿掉。对于两轴系上的零件，整个取下轴系，即可一一拆下各零件。装配时把顺序倒过来即可。

## 7.3 绘制一级圆柱齿轮减速器零件草图

**1. 测绘箱盖**

（1）选择零件视图、确定表达方案 图 7-4 所示为箱盖的零件草图，共用了四个图形表达。由于它的内外形状比较复杂，主视图在不影响外形表达的前提下，在四处作了局部剖视。左视图是采用两个平行的剖切平面剖得的全剖视图，反映了两半圆孔组结构及铸件的多处壁厚情况。F 向视图是用螺旋画出的斜视图。这样，既反映了观察窗实形，又方便了尺寸标注。左视图图形上方注有 I 的局部放大图，也是为了便于清晰地标注尺寸和表面粗糙度而添加的。

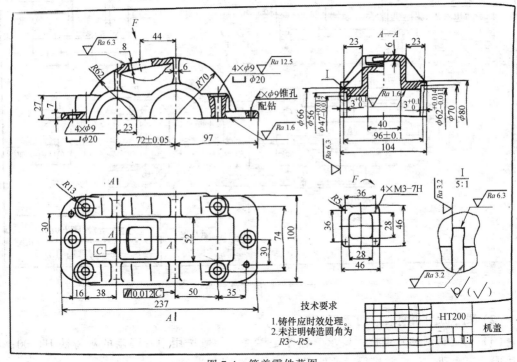

图 7-4 箱盖零件草图

（2）测量尺寸并标注

1）分析尺寸，画出所有尺寸界线和尺寸线。首先选择尺寸基准，基准应考虑便于加工和测量。分析尺寸时主要从装配结构着手，对配合尺寸和定位尺寸直接注出，其他尺寸则按定形尺寸和定位尺寸注全尺寸，最后确定总体尺寸。

2）集中量注尺寸，对零件各部分尺寸，从基准出发，逐一进行测量和标注。对有配合的尺寸，应同时在相关零件草图上注出，以保证关联尺寸的准确性，同时也节省时间。如图 7-4 所示，箱盖的长、宽、高三个方向分别选用过 $\phi62H7$ 轴线的侧平面（或 $\phi47H7$ 轴线的侧平面）、宽 100mm 的对称中心平面及底面为主要尺寸基准；中心距 72mm 应等于两齿轮分度圆半径之和。

3）初定材料和确定技术要求。箱盖是铸件，一般选用中等强度的灰铸铁 HT200。

**2．测绘机座**

（1）选择零件视图、确定表达方案　图 7-5 是箱体的零件草图，共用了五个图形表达。它的三个基本视图所采用的表示法与箱盖类似。在五处作了局部剖视。左视图是采用两个平行的剖切平面剖得的全剖视图，反映了两半圆孔组结构及铸件的多处壁厚情况。B—B 局部剖视图反映了仰视图的凸台、沉孔及起吊钩的形状。

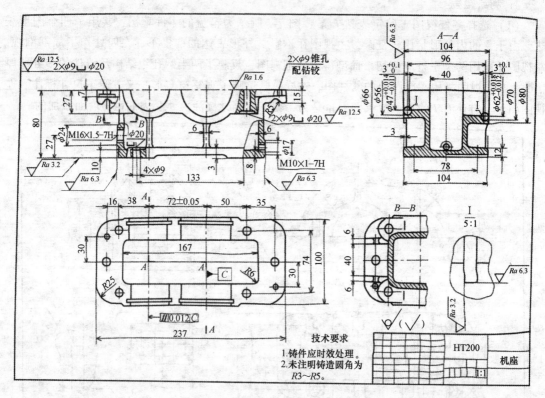

图 7-5　箱体零件草图

（2）测量尺寸并标注　可参照箱盖分析。

（3）初定材料和确定技术要求　箱体是铸件，一般选用中等强度的灰铸铁 HT200；箱体铸成后应清理铸件，并进行时效处理。未注铸造圆角为 R3～R5mm。

**3．测绘齿轮轴**

（1）选择零件视图并确定表达方案　当齿轮的直径较小时，通常将齿轮与轴制成一体，称为齿轮轴。图 7-6 是齿轮轴零件草图，共用两个图形表达。主视图以表达外形为主，主视图左下方添加了移出断面图，以便于标注键槽的尺寸和表面粗糙度。

（2）测量并尺寸标注　轴类零件尺寸基准的选择关键是选长度方向的主要基准。齿轮轴影响轴向定位的端面有两处，即两对 $\phi20j6$ 与 $\phi24mm$ 的邻接端面，现选位于中段的邻接端面为长度方向的主要基准。$\phi18mm$ 的轴段为长度方向尺寸链的开口环，空开不注尺寸。

（3）初定材料和确定技术要求　轴的材料选择 45 钢。与轴承相配合的轴颈的表面粗糙度为 $Ra1.6\mu m$。齿轮部分的表面粗糙度为 $Ra1.6\mu m$，其他加工表面的表面粗糙度为 $Ra3.2\mu m$。

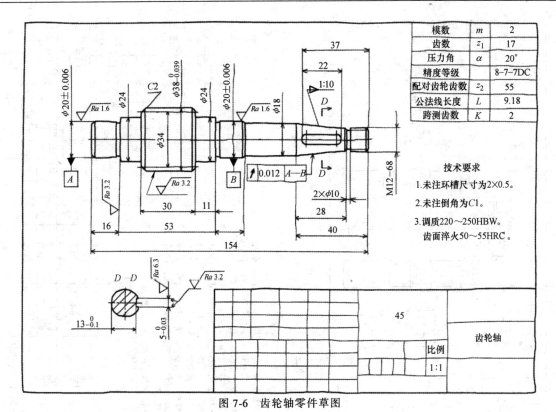

图 7-6 齿轮轴零件草图

## 7.4 绘制一级圆柱齿轮减速器装配图

零件草图完成后，根据装配示意图和零件草图绘制装配图。在画装配图的过程中，对草图中存在的零件形状和尺寸的不妥之处做必要的修正。

**1. 一级圆柱齿轮减速器装配图表达方案的确定**

主视图应符合其工作位置，重点表达外形，左边同时对轴承旁螺栓连接、油标及下部安装孔的结构进行局部剖，这样不但表达了这三处的装配连接关系，而且对箱座左边和下边壁厚进行了表达，也便于标注安装尺寸。右边进一步对螺栓连接进行局部表达，同时对下边放油塞连接进行表达，大齿轮的浸油情况也一目了然。上边可对透气装置采用局部剖视，表达出各零件的装配连接关系及该结构的工作情况。两轴系上各零件及传动关系由俯视图表达。俯视图采用沿结合面剖切的画法，将内部的装配关系以及零件之间的相互位置清晰地表达出来，同时也表达出齿轮的啮合情况以及轴承的润滑密封情况。左视图主要采用视图来表达机件外形，同时对定位销的结构及功能进行局部表达，清晰明了。

另外，还可用局部视图从右向左表示箱体上安装油塞凸台的形状。

**2. 装配图上应标注的尺寸**

（1）规格尺寸　两轴的中心距（72±0.025）mm，轴线到底面的高度尺寸80mm等。

（2）总体尺寸　标注出减速器的总长尺寸237mm，总高尺寸158mm，总宽尺寸210mm。

（3）安装尺寸　减速器下部和机架安装尺寸应注出117.74mm，以及注出的$\phi$24mm等6个轴伸部位的尺寸。

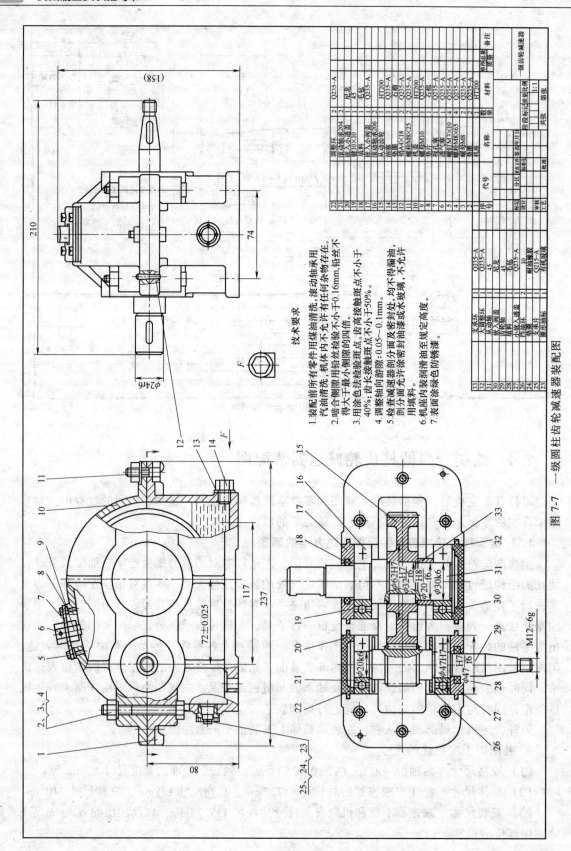

技术要求

1. 装配前所有零件用煤油清洗，滚动轴承用汽油清洗，机体内不允许有任何杂物存在。
2. 啮合侧隙用铅丝检验不小于0.16mm，铅丝不得大于最小侧隙的四倍。
3. 用涂色法检验斑点，齿高接触斑点不小于40%；齿长接触斑点不小于50%。
4. 调整轴向游隙：0.05～0.1mm。
5. 检查减速器剖分面及密封处，均不得漏油，剖分面允许涂密封油漆或水玻璃，不允许用填料。
6. 机座内装润滑油至规定高度。
7. 表面涂浅绿色防锈漆。

图 7-7  一级圆柱齿轮减速器装配图

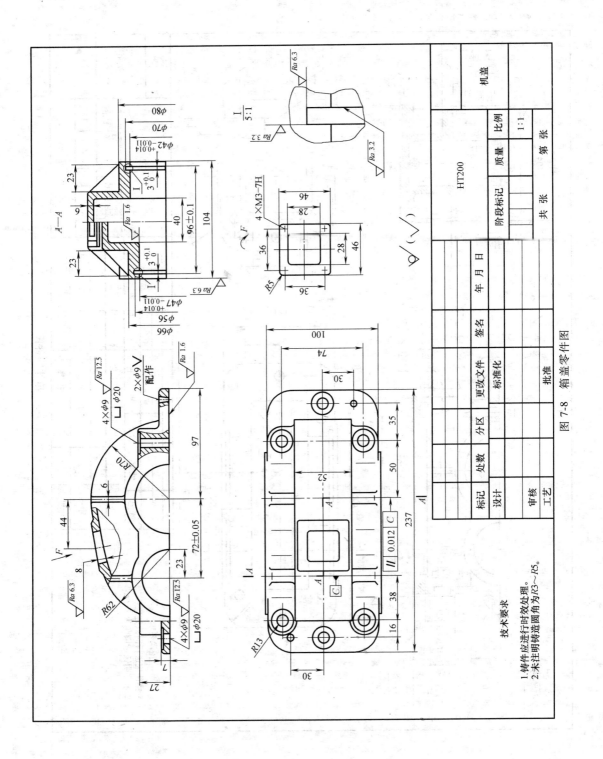

图 7-8　箱盖零件图

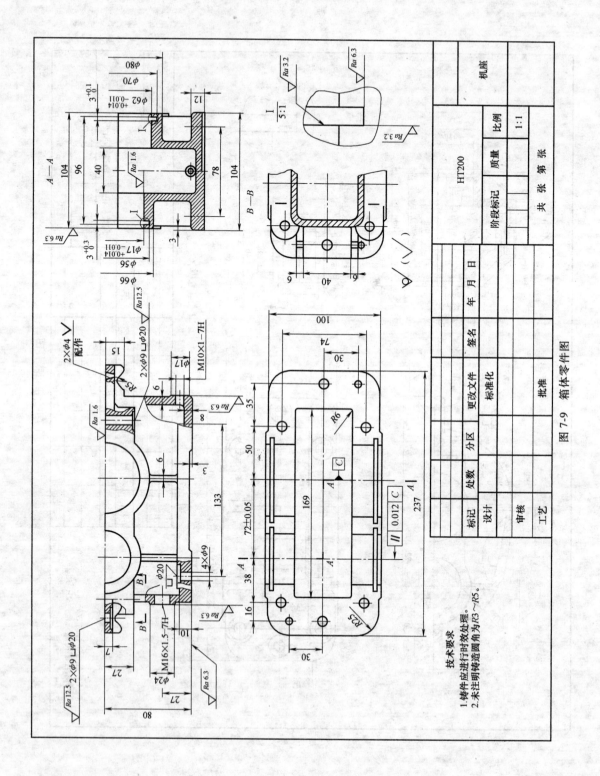

图 7-9 箱体零件图

（4）装配（含配合）尺寸　装配图上应注出齿轮和轴的配合尺寸，建议选用 H7/r6；轴和轴承的配合采用基孔制，建议选用 k6，座孔和轴承外圈的配合采用基轴制，建议采用 H7；端盖与座孔的配合建议采用 H7/f6。轴上伸出端安装毂类零件处建议采用 $\phi24r6$。

除尺寸 $\phi24r6$ 外，其他 9 个配合尺寸均集中在俯视图中。4 个只注写公差代号的尺寸（如 $\phi20k6$、$\phi47H7$ 等）是指与轴承的配合要求，可由附表查取。按 GB/T 4458.5—2003 规定，与标准件相配合的尺寸可以仅注出公差代号，故未注出配合代号。还有 4 个注出配合代号的尺寸（如 $\phi47H7/f6$、$\phi62H7/g6$）是指与轴承盖的配合要求，考虑到该处无密封装置，故选用了间隙较小、精度较高的公差带（f6、g6）。

一级圆柱齿轮减速器装配图如图 7-7 所示。

## 7.5　绘制零件图

画装配图的过程，也是进一步校对零件草图的过程，而画零件图则是在零件草图经过画装配图进一步校核后进行的。从零件草图到零件图不是简单的重复照抄，应再次检查、及时订正，并按装配图中选定的极限与配合要求，在零件图上注写尺寸公差数值，标注几何公差和表面粗糙度。

减速器中零件图的分析内容由读者自行分析，各零件图如图 7-8~图 7-10 所示。

**1. 箱盖零件图**（图 7-8）

**2. 箱体零件图**（图 7-9）

**3. 齿轮轴零件图**（图 7-10）

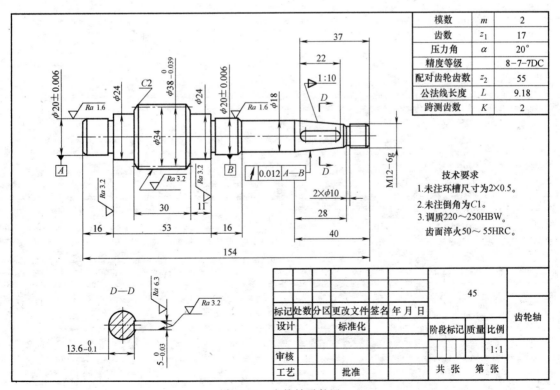

图 7-10　齿轮轴零件图

# 参 考 文 献

[1] 姚民雄，华红芳. 机械制图 [M]. 北京：电子工业出版社，2009.

[2] 钱可强，邱坤. 机械制图 [M]. 2版. 北京：化学工业出版社，2008.

[3] 王宇平. 公差配合与几何精度检测 [M]. 北京：人民邮电出版社，2007.

[4] 吕天玉. 公差配合与测量技术 [M]. 3版. 大连：大连理工大学出版社，2008.

[5] 高玉芬，朱凤艳. 机械制图 [M]. 3版. 大连：大连理工大学出版社，2008.

[6] 张崇本，张雪梅. 机械制图 [M]. 2版. 北京：机械工业出版社，2010.